偏光

- 偏光の表現

$$\boldsymbol{E}(z,t) = \begin{bmatrix} a_x \cos(kz - \omega t + \phi_x) \\ a_y \cos(kz - \omega t + \phi_y) \end{bmatrix} \quad (\Delta\phi = \phi_y - \phi_x)$$

  直線偏光：$\Delta\phi = 0$ または π

  円偏光：$a_x = a_y$ かつ $\Delta\phi = \pm\pi/2$

- ジョーンズベクトルによる表現

  x 方向の直線偏光 $\begin{bmatrix} 1 \\ 0 \end{bmatrix}$, 円偏光 $\begin{bmatrix} 1 \\ \pm i \end{bmatrix}$

  x 偏光を通す偏光子 $\begin{bmatrix} 1 & 0 \\ 0 & 0 \end{bmatrix}$, 位相差 ϕ の位相板 $\begin{bmatrix} 1 & 0 \\ 0 & e^{i\phi} \end{bmatrix}$,

  回転変換 $\begin{bmatrix} \cos\theta & -\sin\theta \\ \sin\theta & \cos\theta \end{bmatrix}$

反射と屈折

- 反射の法則 $\theta = \theta'$ (θ：入射角, θ'：反射角)

- 屈折の法則 (スネルの法則)

  $\dfrac{\sin\theta}{\sin\theta''} = \dfrac{n_2}{n_1}$ (θ''：屈折角, n_1：入射側屈折率, n_2：透過側屈折率)

- ストークス (Stokes) の定理

  $r' = -r,\ tt' + r^2 = 1$

  (r, t：反射率, 透過率, r', t'：反対側から入射したときの反射率, 透過率)

- 垂直入射の強度反射率 $R(0) = \left(\dfrac{n_1 - n_2}{n_1 + n_2}\right)^2$

- ブリュースター角 $\tan\theta_{\mathrm{B}} = \dfrac{n_2}{n_1}$

干渉

- 光強度 (2 つの光波の重ね合わせ)

  $I = A_1^2 + A_2^2 + 2A_1 A_2 \cos(2kx \sin\alpha + \phi_1 - \phi_2)$

  (A_1, A_2：電場振幅, ϕ_1, ϕ_2：位相, 2α：2 つの光波をなす角)

- 干渉縞のコントラスト (可視度) $C = \dfrac{I_{\max} - I_{\min}}{I_{\max} + I_{\min}} = \dfrac{2A_1 A_2}{A_1^2 + A_2^2}$

光と波動
回折干渉からレーザービームの伝播まで

吉澤雅幸 [著]

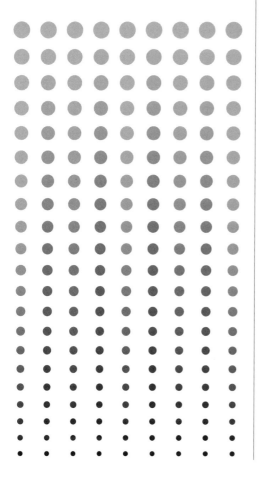

14

フロー式
物理演習
シリーズ

須藤彰三
岡 真
[監修]

共立出版

刊行の言葉

　物理学は，大学の理系学生にとって非常に重要な科目ですが，"難しい"という声をよく聞きます．一生懸命，教科書を読んでいるのに分からないと言うのです．そんな時，私たちは，スポーツや楽器（ピアノやバイオリン）の演奏と同じように，教科書でひと通り"基礎"を勉強した後は，ひたすら（コツコツ）"練習（トレーニング）"が必要だと答えるようにしています．つまり，1つ物理法則を学んだら，必ずそれに関連した練習問題を解くという学習方法が，最も物理を理解する近道であると考えています．

　現在，多くの教科書が書店に並んでいますが，皆さんの学習に適した演習書（問題集）は，ほとんど見当たりません．そこで，毎日1題，1ヵ月間解くことによって，各教科の基礎を理解したと感じることのできる問題集の出版を計画しました．この本は，重要な例題30問とそれに関連した発展問題からなっています．

　物理学を理解するうえで，もう1つ問題があります．物理学の言葉は数学で，多くの"等号（=）"で式が導出されていきます．そして，その等号1つひとつが単なる式変形ではなく，物理的考察が含まれているのです．それも，物理学を難しくしている要因であると考えています．そこで，この演習問題の中の例題では，フロー式，つまり流れるようにすべての導出の過程を丁寧に記述し，等号の意味がわかるようにしました．さらに，頭の中に物理的イメージを描けるように図を1枚挿入することにしました．自分で図に描けない所が，わからない所，理解していない所である場合が多いのです．

　私たちは，良い演習問題を毎日コツコツ解くこと，それが物理学の学習のスタンダードだと考えています．皆さんも，このことを実行することによって，驚くほど物理の理解が深まることを実感することでしょう．

須藤　彰三

岡　真

まえがき

　本書では，光の波としての性質について，その基礎から応用まで幅広く紹介します．光は肉眼による観測が可能なため古くから人々の興味の対象となっており，紀元前には既に光の直進性や反射・屈折が認識されていました．これらは，室内に差し込む太陽光，金属や鏡による反射，水やガラスによる屈折など，私たちの日常においても観察される現象です．16世紀に入ると，光の研究は力学とならんで飛躍的発展をとげ，20世紀初頭までに光を波として扱う光学がほぼ完成されました．その後，光が粒子としての性質ももつことが明らかとなり，「量子光学」が新たに発展してきました．このため，光を波として扱う光学は「波動光学」あるいは「古典光学」と呼ばれる場合もあります．

　光の研究では，光が波であるか粒子であるかの疑問が長い間解決できませんでした．これは，肉眼で観察された現象がどちらの立場からも説明可能であったためです．しかし，光の実験的な研究が進むにつれ，波としての性質が明らかとなってきました．ヤングの干渉実験は最も有名なものの1つです．19世紀になると，光はマクスウェル方程式に従う電磁波であることが示され，光が波であるか粒子であるかについての決着がついたように見えました．ところが，光電効果のように波では説明できない現象が発見されたことで，光は波と粒子の両方の性質を併せ持つことが明らかとなり，量子光学が生まれました．レーザーは量子光学の最大の成果ともいえるものであり，私たちの日常生活において不可欠なものとなっています．レーザーは理想的な光源であるため波動光学の発展にも大きく貢献しています．また，近年の計算機の発展は光波伝播の精密計算による光学素子の設計を可能とし，精密加工技術の発展は高精度な素子の製作を実現しています．現在では高性能の光学素子が次々と開発され，光学や分光研究だけでなく光通信や光情報処理といった幅広い分野に応用されています．

　本書では，光の波としての性質を広くカバーできるように，各章の内容のまとめと30の例題，および発展問題を配置しています．本書の内容は，筆者が大学3年次の学生に行った物理光学の講義内容を基にしたものであり，マク

スウェル方程式に基づく伝播，干渉，回折といった光学の基礎的事項に始まり，レンズ，光線光学などの実際の光学系の設計に役立つ事項を取り上げています．特に，平面波だけでなく，レーザー光が伝播する状態であるガウシアンビームについて詳しく紹介をしています．また，複雑な光学素子の組み合わせの計算を可能とする，行列を用いた計算方法も紹介しています．これらは，解析的な計算結果を得ることは難しい手法ですが，計算機により数値的な結果を得るための基礎となるものです．さらに，光パルスについての章を設け，光の時間的特性の取り扱いも示しました．

　本書の執筆にあたっては，編集委員である須藤彰三先生と岡真先生にご監修・ご助言をいただきました．筆者の研究グループの関根大輝博士，山田拓直氏，飯田悠太氏には原稿の試読をして貴重な助言をくださったことに感謝いたします．また，共立出版の髙橋萌子氏には長い間にわたり大変お世話になりました．この場を借りて感謝いたします．

　　2024年5月　　　　　　　　　　　　　　　　　　　　　　　　吉澤雅幸

目 次

1 光波の伝播

―――――《 内容のまとめ 》―――――

波の表現と波動方程式

　光は電場と磁場の振動が伝播する電磁波であり，振動は方向性をもつベクトルである．しかし，ここでは一般的な波として単一のスカラー量の振動が伝播するスカラー波を考える．z 方向に伝播する**角周波数** ω の波の変位 $u(z,t)$ は，

$$u(z,t) = u_0 \cos(kz - \omega t + \phi) \tag{1.1}$$

と表される．u_0 は**振幅**，k は**波数**，ϕ は**位相**である．波数 k は波の速さ v および波長 λ との間に

$$k = \frac{\omega}{v} = \frac{2\pi}{\lambda} \tag{1.2}$$

の関係をもつ．波は複素指数関数を使って，

$$u(z,t) = \mathrm{Re}[\tilde{u}_0 e^{i(kz - \omega t)}] \tag{1.3}$$

と表すこともできる．複素指数関数を用いた場合には，位相 ϕ を複素数の振幅 $\tilde{u}_0$ に含ませることができる．また，混乱の恐れがない場合には $\mathrm{Re}[\ ]$ をはずして

$$u(z,t) = \tilde{u}_0 e^{i(kz - \omega t)} \tag{1.4}$$

と表される．

　波が伝播する様子は**波動方程式**

$$\nabla^2 u - \frac{1}{v^2}\frac{\partial^2 u}{\partial t^2} = 0 \tag{1.5}$$

を用いて表すことができる．この方程式を満たす解の 1 つは

$$u(z,t) = u(z - vt) \tag{1.6}$$

であり，この式は波が形を変えずに z 方向に速さ v で進むことを示している（参考文献 1 参照）．式 (1.1) は余弦波という特別な形状をもつ波を表している．

　式 (1.5) を満たす波は 1 つだけではなく，複数の波が同時に存在することができる．その場合の変位は，それぞれの波の変位を足し合わせたものとなる．これを重ね合わせの原理という．

平面波と球面波

　波面とは，ある時刻において波が同じ位相をもつ場所をつらねた面である．式 (1.1) の波では kz が一定となっていればよい．つまり，$kz = \text{const.}$ と表される平面が波面となるので，このような波を平面波と呼ぶ．平面波の振幅は伝播しても変化しない．図 1.1(a) は平面波のイメージである．

　平面波以外の代表的な波面形状として，点状の波源から発生する球面波がある．球面波は波源からの方向によらず対称的なので，波動方程式 (1.5) は極座標を用いて

$$\nabla^2 u = \frac{1}{r}\frac{\partial^2 (ru)}{\partial r^2} \tag{1.7}$$

と書くことができる．この方程式の解の 1 つとして

$$u(r,t) = \frac{\tilde{u}_0}{r} e^{i(kr - \omega t)} \tag{1.8}$$

が導かれる．球面波の振幅は伝播により $1/r$ に比例して小さくなる．図 1.1(b) は球面波のイメージである．

ガウシアンビーム

　平面波と球面波は波の伝播を考える上で基礎となる重要な波面形状であるが，ここではレーザー光のようにビーム状の波が大きな形状変化をせずに遠くまで伝播する場合を考える．

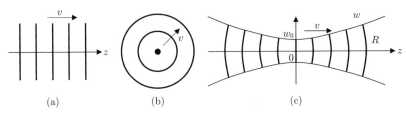

図 1.1: 伝播する波のイメージ. (a) 平面波, (b) 球面波, (c) ガウシアンビーム.

主に z 方向に伝播するビームを

$$u(x, y, z, t) = \tilde{u}_0 u'(x, y, z) e^{i(kz - \omega t)} \tag{1.9}$$

とおく. ここでビームの形状を決める u' は, 波長に比べてゆっくり変化すると仮定する. 式 (1.9) を波動方程式 (1.5) に代入すると, u' が満たすべき方程式として

$$\frac{\partial^2 u'}{\partial x^2} + \frac{\partial^2 u'}{\partial y^2} + 2ik\frac{\partial^2 u'}{\partial z^2} = 0 \tag{1.10}$$

が導かれる.

この方程式を解くと, ガウス型の強度分布をもつガウシアンビーム

$$u(x, y, z, t) = \tilde{u}_0 \frac{w_0^2}{W(z)} e^{-(x^2 + y^2)/W(z)} e^{i(kz - \omega t)} \tag{1.11}$$

$$W(z) = w_0^2 + i\frac{2}{k}z = w_0^2 \left(1 + i\frac{z}{z_0}\right) \tag{1.12}$$

$$z_0 = \frac{kw_0^2}{2} \tag{1.13}$$

が解として得られる（巻末付録 A 参照).

このビームの振幅は中心 $(x = y = 0)$ で最大であり, 中心からの距離に対してガウス型となる. 振幅が $1/e$ となる半径 $w(z)$ は

$$\mathrm{Re}\left[-\frac{x^2 + y^2}{W(z)}\right] = -\frac{x^2 + y^2}{w_0^2[1 + (z/z_0)^2]} \tag{1.14}$$

から

$$w(z) = w_0 \sqrt{1 + \left(\frac{z}{z_0}\right)^2} \tag{1.15}$$

となる．ガウシアンビームは $z = 0$ で節となり，半径が最小の w_0 となる．$z \neq 0$ では半径が広がっており，振幅も小さくなっている．ガウシアンビームの波面は $z = 0$ では平面だが，$z \gg z_0$ では半径 $R \sim z$ の球面となる．z が十分に大きくなると，波面はほぼ平面となり中心付近の振幅も一様となるので，ガウシアンビームの中心付近は平面波とみなすことができる．図 1.1(c) はガウシアンビームのイメージである．

マクスウェル (Maxwell) 方程式

電磁波である光波はマクスウェル方程式に従う．本書で考える光波が伝播する透明な物質は誘電体（絶縁体）であり電荷も電流も生じないので，電場ベクトル $\boldsymbol{E}$ と磁束密度ベクトル $\boldsymbol{B}$ の伝播は以下の関係式から求めることができる．

$$\nabla \times \boldsymbol{B} = \epsilon\mu \frac{\partial \boldsymbol{E}}{\partial t} \tag{1.16}$$

$$\nabla \times \boldsymbol{E} = -\frac{\partial \boldsymbol{B}}{\partial t} \tag{1.17}$$

$$\nabla \cdot \boldsymbol{E} = 0 \tag{1.18}$$

$$\nabla \cdot \boldsymbol{B} = 0 \tag{1.19}$$

ここで，ϵ は誘電率，μ は透磁率である．誘電体の透磁率は真空中の透磁率 μ_0 にほぼ等しいので，本書では $\mu = \mu_0$ とする．

式 (1.17) に，さらに $\nabla \times$ を作用させることで電磁波が従う波動方程式

$$\nabla^2 \boldsymbol{E} - \epsilon\mu_0 \frac{\partial^2 \boldsymbol{E}}{\partial t^2} = 0 \tag{1.20}$$

が得られる．これは式 (1.5) の振動がベクトルとなったものである．z 方向に進行するベクトル波

$$\boldsymbol{E}(z,t) = \boldsymbol{E}_0 e^{i(kz-\omega t)} \tag{1.21}$$

は，この波動方程式を満たす．ここで

$$v = \frac{\omega}{k} = \frac{1}{\sqrt{\epsilon\mu_0}} \tag{1.22}$$

が物質中の光速を表す．真空中の光速 c は，真空中の誘電率 ϵ_0 と透磁率 μ_0 を用いて

$$c = \frac{1}{\sqrt{\epsilon_0\mu_0}} \tag{1.23}$$

と表される．物質中の光速 v との比が屈折率

$$n = \frac{c}{v} = \frac{\sqrt{\epsilon\mu_0}}{\sqrt{\epsilon_0\mu_0}} = \frac{\sqrt{\epsilon}}{\sqrt{\epsilon_0}} \tag{1.24}$$

である．

　光波はマクスウェル方程式に従うので，波動方程式だけに従う一般の波とは異なる制限が加わる．電場ベクトルと磁束密度ベクトルは式 (1.16) と式 (1.17) で結びついているので，それぞれの振幅成分には

$$\boldsymbol{E}_0 = \begin{bmatrix} E_{0x} \\ E_{0y} \\ 0 \end{bmatrix} \tag{1.25}$$

$$\boldsymbol{B}_0 = \sqrt{\epsilon\mu_0} \begin{bmatrix} -E_{0y} \\ E_{0x} \\ 0 \end{bmatrix} \tag{1.26}$$

の関係がある．伝播方向を表す波数ベクトル $\boldsymbol{k} = (0,0,k)$ に対して，電場 $\boldsymbol{E}$ と磁束密度 $\boldsymbol{B}$ は直交している．さらに，電場ベクトルの x 成分には磁束密度ベクトルの y 成分が対応するので，これらも直交していることがわかる．図 1.2 は $E_{0x} \neq 0, E_{0y} = 0$ の場合を示したものである．

　電磁波である光波のエネルギー流はポインティング (Poynting) ベクトル $\boldsymbol{S}$ で表されるので，

$$\begin{aligned} \boldsymbol{S} &= \mathrm{Re}[\boldsymbol{E}] \times \mathrm{Re}[\mu_0^{-1}\boldsymbol{B}] \\ &= \sqrt{\frac{\epsilon}{\mu_0}}(E_{0x}^2 + E_{0y}^2)\cos^2(kz - \omega t) \end{aligned} \tag{1.27}$$

となる．伝播する光の強度 I は時間平均をとることで

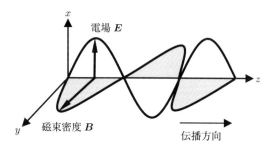

図 1.2: 光波の伝播の様子.

$$I = \frac{1}{2}\sqrt{\frac{\epsilon}{\mu_0}}(E_{0x}^2 + E_{0y}^2) \tag{1.28}$$

となり，電場振幅の 2 乗に比例する.

　この光強度 I は単位面積あたりの強度であり $\mathrm{W\,m^{-2}}$ の単位をもつ. レーザーなどの光ビームのエネルギー流は，進行方向に垂直な平面で光強度を積分した量となる.

例題 1　平面波の 3 次元的伝播

波数ベクトル $\boldsymbol{k}$ の方向に伝播する平面波は

$$u(\boldsymbol{r}, t) = \tilde{u}_0 e^{i(\boldsymbol{k}\cdot\boldsymbol{r} - \omega t)} \tag{1.29}$$

と表される.

1. この波が波動方程式 (1.5) を満たすことを示し，速度 v と $\boldsymbol{k}$，ω の関係を求めよ.
2. 波面が波数ベクトルに対して垂直な平面であることを確かめよ.

考え方

1. 波動方程式 (1.5) に代入して計算すればよい.
2. 位相一定の条件が平面を表す式となっていることを確かめればよい.

‖解答‖

1. $\boldsymbol{k} = (k_x, k_y, k_z)$ とすると

$$\nabla^2 u = -(k_x^2 + k_y^2 + k_z^2)u \tag{1.30}$$

$$\frac{\partial^2 u}{\partial t^2} = -\omega^2 u \tag{1.31}$$

となる. したがって,

$$|\boldsymbol{k}|^2 = \frac{\omega^2}{v^2} \tag{1.32}$$

の関係があるとき，式 (1.29) は波動方程式を満たす.

2. 波面上ではある時刻において式 (1.29) の位相が一定となるので

$$\boldsymbol{k}\cdot\boldsymbol{r} = \phi \quad (\text{一定}) \tag{1.33}$$

が条件である. この式は $\boldsymbol{k}$ を法線とする平面を表しているので，波面は波数ベクトルに垂直な平面となる.

ワンポイント解説

・ベクトルの幾何学的意味を理解していれば簡単に解ける.

例題 1 の発展問題

1-1. 以下で表される 2 つの波の和が波動方程式 (1.5) を満たす条件を示せ.

$$u_1(\boldsymbol{r}, t) = \tilde{u}_{01} e^{i(\boldsymbol{k}_1 \cdot \boldsymbol{r} - \omega_1 t)} \tag{1.34}$$

$$u_2(\boldsymbol{r}, t) = \tilde{u}_{02} e^{i(\boldsymbol{k}_2 \cdot \boldsymbol{r} - \omega_2 t)} \tag{1.35}$$

1-2. HeNe レーザーの真空中での波長は 632.8 nm である. この光波の周波数 ν (Hz) と周期 T (s) を求めよ.

1-3. 球面波を導いた式 (1.7) を確かめよ.

例題 2 ガウシアンビーム

1. ガウシアンビームをレンズで集光する場合を考える．焦点距離 f の
   レンズで径 w_f のビームを集光したときの焦点（節）における半径
   w_0 を，波長 λ と f, w_f を用いて表せ．ただし，$f \gg kw_0^2$ とする．
2. 節における半径が w_0 のガウシアンビームを遠方 z まで伝播させた．
   そのときの半径 $w(z)$ が最小となる w_0 を求めよ．

考え方

1. レンズは焦点に対して $z = -f$ の位置にあるので，式 (1.15) を $w(-f)$
   $= w_f$ として w_0 について解けばよい．
2. 式 (1.15) を w_0 の関数と考え，極小値を求めればよい．

‖解答‖

1. レンズの位置 $z = -f$ で半径は w_f なので

$$w_f = w_0\sqrt{1 + \left(\frac{-f}{z_0}\right)^2}$$
$$= w_0\sqrt{1 + \left(\frac{2f}{kw_0^2}\right)^2}$$
$$\sim \frac{2f}{kw_0} \tag{1.36}$$

である．したがって，$z = 0$ の焦点の半径は

$$w_0 = \frac{2f}{kw_f} = \frac{f\lambda}{\pi w_f} \tag{1.37}$$

となる．

2. 式 (1.15) を w_0 で微分すると

$$\frac{dw}{dw_0} = \frac{d}{dw_0}\left[w_0\sqrt{1 + \left(\frac{2z}{kw_0^2}\right)^2}\right]$$
$$= \frac{1 - (2z/kw_0^2)^2}{\sqrt{1 + (2z/kw_0^2)^2}} \tag{1.38}$$

となる．z における半径が最小となるのは

ワンポイント解説

・$1 \ll f/kw_0^2$ による近似を行っている．

$$w_0 = \sqrt{\frac{2z}{k}} = \sqrt{\frac{z\lambda}{\pi}} \qquad (1.39)$$

のときであり，径は

$$w(z) = \sqrt{2}w_0 = \sqrt{\frac{2z\lambda}{\pi}} \qquad (1.40)$$

となる．

例題2の発展問題

2-1. 以下の条件のときのガウシアンビームの半径を求めよ．ただし，波長は $\lambda = 500\,\text{nm}$ とする．

(1) 半径 $1.0\,\text{mm}$ のビームを焦点距離 $50\,\text{mm}$ のレンズで集光したときの焦点（節）の半径．

(2) 節の半径を $1.0\,\text{m}$ としたビームを地球から月に向けて出射したときの月面上での半径．（月までの距離は $38\,$万 km とする．）

2-2. ガウシアンビームの波面が $z \gg z_0$ では $R \sim z$ の球面になることを確かめよ．

例題 3　電磁波としての光波

電場と磁束密度の関係式 (1.25), (1.26) を確かめよ.

考え方

式 (1.21) にならって磁束密度の波も定義してマクスウェル方程式に代入し, それぞれの成分の関係を求めればよい.

‖解答‖

式 (1.18), (1.19) より, 伝播方向である z 成分は 0 となるので

ワンポイント解説

・ベクトル積の符号に注意する.

$$\boldsymbol{E} = \begin{bmatrix} E_{0x} \\ E_{0y} \\ 0 \end{bmatrix} e^{i(kz-\omega t)} \qquad (1.41)$$

$$\boldsymbol{B} = \begin{bmatrix} B_{0x} \\ B_{0y} \\ 0 \end{bmatrix} e^{i(kz-\omega t)} \qquad (1.42)$$

とおくことができる. これらを式 (1.17) に代入すると

$$\begin{bmatrix} -ikE_{0y} \\ ikE_{0x} \\ 0 \end{bmatrix} = \begin{bmatrix} i\omega B_{0x} \\ i\omega B_{0y} \\ 0 \end{bmatrix} \qquad (1.43)$$

の関係が得られる.

$$\frac{k}{\omega} = \sqrt{\epsilon\mu_0} \qquad (1.44)$$

であるから, 式 (1.26) となる.

例題 3 の発展問題

3-1. ガウシアンビームのエネルギー流が伝播距離 z によらず一定であることを示せ.

3-2. 真空中で出力（エネルギー流）1.0 mW のレーザー光（ガウシアンビーム）を半径 $w_0 = 100\ \mu$m に集光した．このようなときの光強度は，全エネルギー流が節内部に一様に分布していると仮定して，平均強度として求めるのが一般的である．集光された光強度とそのときの電場振幅を求めよ．

2　偏光

---《 **内容のまとめ** 》---

偏光

　第 1 章の図 1.2 では，電場ベクトルは x 方向だけとなっている（$E_{0x} \neq 0$, $E_{0y} = 0$）．このように電場ベクトルが直線上にある場合を **直線偏光** という．$E_{0x} = 0, E_{0y} \neq 0$ の場合は，y 方向の直線偏光である．

　E_{0x} と E_{0y} がともに 0 ではないときは，E_{0x} と E_{0y} の関係によりさまざまな偏光状態が現れる．偏光状態をわかりやすくするために，光波の電場ベクトルの実部を

$$\boldsymbol{E}(z,t) = \begin{bmatrix} a_x \cos(kz - \omega t + \phi_x) \\ a_y \cos(kz - \omega t + \phi_y) \end{bmatrix} \qquad (\Delta\phi = \phi_y - \phi_x) \qquad (2.1)$$

のように表示する．ここで，a_x, a_y は電場振幅であり，$a_x, a_y \geq 0$ とする．ϕ_x, ϕ_y は位相を表す．$\Delta\phi$ は位相差である．

　xy 面内（$z = 0$）における電場ベクトルを考える．位相差 $\Delta\phi$ が 0 または π の場合を考えると，ベクトル $\boldsymbol{E}(z,t)$ の先端は時間とともに直線 $y = \pm(a_y/a_x)x$ 上を動くことがわかる（図 2.1(a)）．したがって，これらを（ベクトル的に）合成して得られる全体の電場は **直線偏光** となる．次に，$a_x = a_y$ かつ $\Delta\phi = \pm\pi/2$ としてみると，x 成分と y 成分は $\cos(\omega t)$ と $\pm\sin(\omega t)$ の関係になるから，合成されたベクトル $\boldsymbol{E}(z,t)$ の先端は時間とともに円周上を回転する．このような偏光状態を **円偏光** という（図 2.1(b)）．$\Delta\phi = \pi/2$ の場合には xy 面上を反時計回りに回転するので **左円偏光** と呼ぶ．$\Delta\phi = -\pi/2$ では **右円偏光** となる．

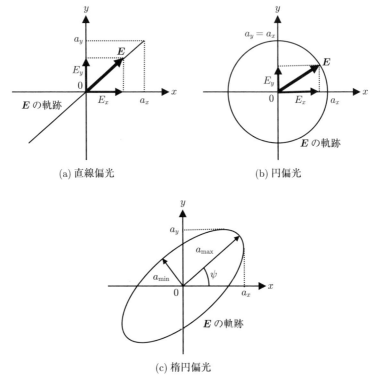

(a) 直線偏光   (b) 円偏光

(c) 楕円偏光

図 2.1: 偏光状態（光の進行方向は紙面裏から表）.

　一般には，電場ベクトルの先端が描く軌跡は，図 2.1(c) のような楕円となる．このような偏光状態を**楕円偏光**という．楕円の短軸と長軸の比 ($a_{\min}/a_{\max}$) を**楕円率**，長軸の方向 (ψ) を**偏光角**という．直線偏光や円偏光は楕円偏光の特別な場合に相当する．楕円率，偏光角と $a_x, a_y, \Delta\phi$ の間には関係があり，互いに計算することができるが，本書では省略する．

異方性媒質

　光波が伝播する物質が等方的であるときは，電気変位 $\boldsymbol{D}$ と電場ベクトル $\boldsymbol{E}$ の関係が

$$\boldsymbol{D} = \epsilon \boldsymbol{E} \tag{2.2}$$

となる．しかし，異方性がある物質では誘電率はテンソルとなり

$$\boldsymbol{D} = \begin{bmatrix} \epsilon_{xx} & \epsilon_{xy} & \epsilon_{xz} \\ \epsilon_{yx} & \epsilon_{yy} & \epsilon_{yz} \\ \epsilon_{zx} & \epsilon_{zy} & \epsilon_{zz} \end{bmatrix} \boldsymbol{E} \tag{2.3}$$

と表される．簡単のために単軸性（1軸性）結晶の結晶軸が x 方向を向いている場合を考える．このときテンソルの対角成分は $\epsilon_{xx} \neq \epsilon_{yy} = \epsilon_{zz}$ であり，非対角成分は 0 となり

$$\boldsymbol{D} = \begin{bmatrix} \epsilon_{xx} & 0 & 0 \\ 0 & \epsilon_{yy} & 0 \\ 0 & 0 & \epsilon_{yy} \end{bmatrix} \boldsymbol{E} \tag{2.4}$$

と表される．

　このような物質を z 方向に伝播する偏光は x 方向の電場と y 方向の電場が異なる誘電率を感じることになり，偏光状態に変化が生じる．偏光方向の違いにより位相差を生じる光学素子は位相板と呼ばれる．また，ある方向の直線偏光だけを透過する素子は偏光子と呼ばれる．

ジョーンズ (Jones) ベクトル

　式 (2.1) の偏光を複素指数関数で表して，その複素振幅をベクトルとして $\begin{bmatrix} \tilde{a}_x \\ \tilde{a}_y \end{bmatrix}$ と表したものがジョーンズベクトルである．例えば，$\begin{bmatrix} 1 \\ 0 \end{bmatrix}$ は x 方向の直線偏光である．左円偏光は，y 方向の位相が $\pi/2$ 進んでいるので $\begin{bmatrix} 1 \\ e^{i\pi/2} \end{bmatrix}$

$= \begin{bmatrix} 1 \\ i \end{bmatrix}$ となる．

　ジョーンズベクトルを用いると偏光状態の変化を容易に計算することができる．例えば，x 成分が同位相である左円偏光と右円偏光の和は

$$\begin{bmatrix} 1 \\ i \end{bmatrix} + \begin{bmatrix} 1 \\ -i \end{bmatrix} = \begin{bmatrix} 2 \\ 0 \end{bmatrix} \tag{2.5}$$

と x 成分だけとなり x 方向の直線偏光になる．しかし，右円偏光の位相を π だけ変えて和をとると

$$\begin{bmatrix} 1 \\ i \end{bmatrix} + e^{i\pi} \begin{bmatrix} 1 \\ -i \end{bmatrix} = \begin{bmatrix} 0 \\ 2i \end{bmatrix} \tag{2.6}$$

となり，y 方向の直線偏光が得られる．

　ジョーンズベクトルを使うと異方性をもつ光学素子などによる偏光の変化を，行列を用いて計算することができる．x 偏光だけを通す偏光子の行列は $\begin{bmatrix} 1 & 0 \\ 0 & 0 \end{bmatrix}$ であり，この偏光子を $\begin{bmatrix} \tilde{a}_x \\ \tilde{a}_y \end{bmatrix}$ の光波が透過すると

$$\begin{bmatrix} 1 & 0 \\ 0 & 0 \end{bmatrix} \begin{bmatrix} \tilde{a}_x \\ \tilde{a}_y \end{bmatrix} = \begin{bmatrix} \tilde{a}_x \\ 0 \end{bmatrix} \tag{2.7}$$

と直線偏光になる．

　位相板の特性は，異方軸の方向と偏光方向の違いによる位相差で表される．異方軸が x 軸で偏光による位相差が ϕ である位相板の行列は

$$\begin{bmatrix} 1 & 0 \\ 0 & e^{i\phi} \end{bmatrix} \tag{2.8}$$

と表される．位相差が π，$\pi/2$ である位相板は，位相差を光学長の差として考えるとそれぞれ 1/2, 1/4 波長に相当するので，1/2, 1/4 波長板と呼ばれている．

　異方性をもつ光学素子の軸方向が x, y 軸と異なる場合には，回転変換

$$\mathrm{R}(\theta) = \begin{bmatrix} \cos\theta & -\sin\theta \\ \sin\theta & \cos\theta \end{bmatrix} \tag{2.9}$$

と組み合わせることで表現できる．例えば，光学軸が $45°(\pi/4)$ 方向の偏光子

を表す行列は

$$\mathrm{R}(\pi/4) \begin{bmatrix} 1 & 0 \\ 0 & 0 \end{bmatrix} \mathrm{R}(-\pi/4) = \frac{1}{2} \begin{bmatrix} 1 & 1 \\ 1 & 1 \end{bmatrix} \tag{2.10}$$

と計算できる.

例題 4 偏光特性の測定

　偏光子の角度を 0°, 45°, 90° として光強度を測定することで，偏光特性を決定できることを示せ．偏光子をこのような偏光特性測定に用いるときは，偏光子ではなく検光子と呼ばれる場合もある．

考え方

　$a_x^2 + a_y^2 = 1$ と規格化した光波の振幅 a_x, a_y と位相差 $\Delta\phi$ を決定できることを示す．ただし，$\Delta\phi$ の符号は決定できない．

‖解答‖

　それぞれの角度の測定結果を I_0, I_{45}, I_{90} とする．光強度は電場振幅の 2 乗の平均値であるから

$$I_0 \propto \langle (a_x \cos(-\omega t))^2 \rangle = \frac{1}{2}a_x^2 \tag{2.11}$$

$$I_{45} \propto \left\langle \left(\frac{a_x \cos(-\omega t) + a_y \cos(-\omega t + \Delta\phi)}{\sqrt{2}} \right)^2 \right\rangle$$
$$= \frac{1}{4}a_x^2 + \frac{1}{4}a_y^2 + \frac{1}{2}a_x a_y \cos\Delta\phi \tag{2.12}$$

$$I_{90} \propto \langle (a_y \cos(-\omega t + \Delta\phi))^2 \rangle = \frac{1}{2}a_y^2 \tag{2.13}$$

となる．したがって，規格化した振幅と $\Delta\phi$ は

$$a_x = \sqrt{\frac{I_0}{I_0 + I_{90}}} \tag{2.14}$$

$$a_y = \sqrt{\frac{I_{90}}{I_0 + I_{90}}} \tag{2.15}$$

$$\cos\Delta\phi = \frac{\frac{I_{45}}{2(I_0+I_{90})} - \frac{1}{4}a_x^2 - \frac{1}{4}a_y^2}{\frac{1}{2}a_x a_y} \tag{2.16}$$

と得られる．ただし，$\Delta\phi$ の符号は決定できないので，右円偏光と左円偏光の区別はできない．

ワンポイント解説

・45° の測定結果に含まれている位相差の情報をうまく取り出せばよい．光強度の絶対値を測定するには検出器の較正が必要なので，偏光特性の測定では規格化した結果を議論する場合が一般的である．

例題 4 の発展問題

4-1. 例題 4 の方法で偏光の測定をしたところ，以下のような結果が得られた．

それぞれの偏光特性 $(a_x, a_y, \Delta\phi)$ を調べよ．ただし，測定結果の単位は任意であるので，$a_x^2 + a_y^2 = 1$ に規格化せよ．

(1)　$I_0 = 1.0,\ I_{45} = 1.5,\ I_{90} = 0.9$

(2)　$I_0 = 1.0,\ I_{45} = 0.2,\ I_{90} = 0.14$

4-2. 例題 4 の測定に加えて，偏光を 1/4 波長板を通してから同じ測定を行うことで，$\Delta\phi$ の符号を決定できることを示せ．

例題5 屈折率の異方性

式 (2.4) で表される異方性をもつ物質（単軸性結晶）中を z 方向に進行する光について考える.

1. x 方向の偏光および y 方向の偏光に対する屈折率 $n_\mathrm{e}, n_\mathrm{o}$ をそれぞれ求めよ.

2. x 方向の偏光と y 方向の偏光の位相差が π だけ変化する距離 L を求めよ. ただし, 真空中の光の波長を λ_0 とする.

考え方

1. 電場の方向によって誘電率が異なることを用いればよい.
2. 屈折率から求められる光学距離の差が $\lambda_0/2$ になればよい.

‖解答‖

1. x と y 方向の直線偏光はそれぞれ ϵ_{xx} と ϵ_{yy} の誘電率を感じるので, 屈折率は式 (1.24) より

$$n_\mathrm{e} = \sqrt{\frac{\epsilon_{xx}}{\epsilon_0}} \tag{2.17}$$

$$n_\mathrm{o} = \sqrt{\frac{\epsilon_{yy}}{\epsilon_0}} \tag{2.18}$$

となる.

2. x 偏光と y 偏光の光学距離は, それぞれ, $n_\mathrm{e}L$, $n_\mathrm{o}L$ となるので,

$$|n_\mathrm{e}L - n_\mathrm{o}L| = \frac{\lambda_0}{2} \tag{2.19}$$

より,

$$L = \frac{\lambda_0}{2|n_\mathrm{e} - n_\mathrm{o}|} \tag{2.20}$$

となる. このような光学素子は **1/2 波長板** と呼ばれる.

ワンポイント解説

・e と o の添え字は単軸性結晶における異常光線 (extraordinary ray) と常光線 (ordinary ray) を表している.

例題 5 の発展問題

5-1. 石英結晶が 1/2 波長板（位相差が π）となる厚さを求めよ．ただし，光
の波長は真空において 546.1 nm であるとし，石英結晶の屈折率は $n_\mathrm{o} = 1.5462, n_\mathrm{e} = 1.5553$ とする．

5-2. 単軸性結晶の軸方向に伝播する光では，偏光方向による屈折率の差がな
いことを示せ．

例題 6　マリュス (Malus) の法則

　2 枚の偏光子を偏光軸の角度が θ となるように重ねた．ここに無偏光を入射したときの透過光強度の θ 依存性を求めよ．

考え方

　ジョーンズベクトルの考え方で偏光子 2 枚の行列を作ればよい．

‖解答‖

　角度 θ で重ね合わせた 2 枚の偏光子は回転変換 $\mathrm{R}(\theta)$ を用いて

$$\mathrm{R}(\theta)\begin{bmatrix} 1 & 0 \\ 0 & 0 \end{bmatrix}\mathrm{R}(-\theta)\begin{bmatrix} 1 & 0 \\ 0 & 0 \end{bmatrix} = \begin{bmatrix} \cos^2\theta & 0 \\ \sin\theta\cos\theta & 0 \end{bmatrix}$$
(2.21)

と表される．無偏光の入射光はジョーンズベクトルを用いて $\begin{bmatrix} \tilde{a}_x \\ \tilde{a}_y \end{bmatrix}$ と表すことができるので，透過光は

$$\begin{bmatrix} \tilde{a}_x \cos^2\theta \\ \tilde{a}_x \sin\theta\,\cos\theta \end{bmatrix}$$ となる．その強度は

$$I = |\tilde{a}_x \cos^2\theta|^2 + |\tilde{a}_x \sin\theta\,\cos\theta|^2$$
$$= |\tilde{a}_x|^2\cos^2\theta$$
(2.22)

である．ただし，ここでは光強度として電場振幅の絶対値の 2 乗を用いており，比例係数は省略している．

　偏光子の角度と透過光強度の間には $\cos^2\theta$ の関係があり，これをマリュスの法則と呼ぶ．

ワンポイント解説

・入射光は無偏光なので，1 枚目の偏光子の角度は任意としてよい．ここでは，0° としている．

例題 6 の発展問題

6-1. 異方性の軸方向が x 軸に対して θ である 1/2 波長板に，x 方向の直線偏

光が入射した．透過後の偏光特性を求めよ．

6-2. 式 (2.8) で表される位相板が $\phi = \pi/2$ の特性をもっている（1/4 波長板）．この位相板に左円偏光と右円偏光を透過させた後の偏光特性を求めよ．

例題7　クロスニコル

　2枚の偏光子を異方性の方向の角度を 90° として重ねると光は透過しない．このような偏光子の配置をクロスニコルという．しかし，この2枚の偏光子の間に異方性をもつ光学素子を挿入すると光が透過するようになる．素子の特性を表す行列が

$$\begin{bmatrix} a & 0 \\ 0 & d \end{bmatrix} \quad (a \neq d) \tag{2.23}$$

であるとき，この素子を1枚目の偏光子に対して角度 θ で挿入した場合の透過光を求めよ．

考え方

　ジョーンズベクトルの考え方で3つの素子の計算をすればよい．

‖解答‖

　1枚目の偏光子の軸方向を x 軸とすると，2枚目の偏光子の軸方向は y 軸となる．したがって，この光学系の偏光を表す行列は

$$\begin{bmatrix} 0 & 0 \\ 0 & 1 \end{bmatrix} R(\theta) \begin{bmatrix} a & 0 \\ 0 & d \end{bmatrix} R(-\theta) \begin{bmatrix} 1 & 0 \\ 0 & 0 \end{bmatrix}$$

$$= \begin{bmatrix} 0 & 0 \\ (a-d)\sin\theta\cos\theta & 0 \end{bmatrix}$$

$$= \begin{bmatrix} 0 & 0 \\ \frac{1}{2}(a-d)\sin 2\theta & 0 \end{bmatrix} \tag{2.24}$$

となる．
　入射光を $\begin{bmatrix} \tilde{a}_x \\ \tilde{a}_y \end{bmatrix}$ とすると，透過光は

$$\begin{bmatrix} 0 \\ \dfrac{\tilde{a}_x}{2}(a-d)\sin 2\theta \end{bmatrix} \qquad (2.25)$$

となる.

　この結果は, 異方性をもつ光学素子 $(a \neq d)$ が x, y 軸以外の方向に異方性軸をもっているとき $(\theta \neq 0, \pi/2)$ に光がクロスニコルを透過することを示している.

例題 7 の発展問題

7-1. クロスニコルの間に偏光子を角度 θ で挿入したときの透過光の強度を求めよ.

7-2. クロスニコルの間に 1/2 波長板を角度 θ で挿入したときの透過光の強度を求めよ.

7-3. 546.1 nm の光に対して 1/2 波長板となる厚さの石英結晶が角度 45° でクロスニコルの間に挿入されている. 波長 546.1 nm の光の透過率を 1 としたときに, 波長 404.7 nm と 768.2 nm の光の透過率を求めよ. ただし, 石英結晶の屈折率は波長に依存しないと仮定して, 発展問題 **5-1** の値を用いよ.

3 反射と屈折

──《 内容のまとめ 》──

境界面による反射と屈折

　図 3.1 は，屈折率 n_1 の媒質 1（上側）と屈折率 n_2 の媒質 2（下側）の境界面 $(z=0)$ に上側から角度 θ で入射した光（平面波）が反射・屈折する様子である．下付き添え字の p と s は偏光方向を表している．境界面の法線（z 軸）と光の進行方向が作る平面（これを入射面という．図 3.1 では紙面に対応）に着目したときに，電場ベクトルがこの入射面内にある（入射面に平行）成分を **p 偏光**と呼び，入射面に垂直な電場ベクトルをもつ成分を **s 偏光**と呼ぶ．

　p 偏光の入射光，反射光，屈折光の電場は，それぞれ

$$E = Ae^{i(k_1 x \sin\theta + k_1 z \cos\theta - \omega t)} \tag{3.1}$$

$$E' = A'e^{i(k_1 x \sin\theta' - k_1 z \cos\theta' - \omega t)} \tag{3.2}$$

$$E'' = A''e^{i(k_2 x \sin\theta'' + k_2 z \cos\theta'' - \omega t)} \tag{3.3}$$

と表される．真空中での光の波長を λ_0 とすると，波数は $k_1 = 2\pi n_1/\lambda_0$，$k_2 = 2\pi n_2/\lambda_0$ である．

　マクスウェル方程式からは境界面における電場と磁束密度の接線成分が連続であることが導かれる（例題 8）．媒質 1（上側）と媒質 2（下側）の電場の x 成分が等しいこと $(E_{1x} = E_{2x})$ から

$$A\cos\theta\, e^{ik_1 x \sin\theta} + A'\cos\theta'\, e^{ik_1 x \sin\theta'} = A''\cos\theta''\, e^{ik_2 x \sin\theta''} \tag{3.4}$$

が導かれる．磁束密度の y 成分の連続性 $(B_{1y} = B_{2y})$ からは

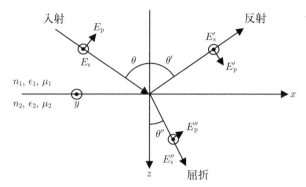

図 3.1: 境界面による光波の反射・屈折

$$\sqrt{\epsilon_1}Ae^{ik_1 x \sin\theta} - \sqrt{\epsilon_1}A'e^{ik_1 x \sin\theta'} = \sqrt{\epsilon_2}A''e^{ik_2 x \sin\theta''} \tag{3.5}$$

が導かれる.

　この連立方程式が $A = A' = A'' = 0$ 以外の解をもつためには,

$$k_1 x \sin\theta = k_1 x \sin\theta' = k_2 x \sin\theta'' \tag{3.6}$$

が x によらずに成り立つ必要がある. この条件からは以下の反射の法則および屈折の法則（スネル (**Snell**) の法則）が導かれる.

$$\theta = \theta' \tag{3.7}$$

$$\frac{\sin\theta}{\sin\theta''} = \frac{n_2}{n_1} \tag{3.8}$$

　次に光電場の反射係数（振幅反射率）r_{p} と透過係数（振幅透過率）t_{p} を求めると, それぞれ

$$r_{\mathrm{p}} = \frac{A'}{A}$$

$$= -\frac{\sqrt{\epsilon_2}\cos\theta - \sqrt{\epsilon_1}\cos\theta''}{\sqrt{\epsilon_2}\cos\theta + \sqrt{\epsilon_1}\cos\theta''}$$

$$= -\frac{n_2\cos\theta - n_1\cos\theta''}{n_2\cos\theta + n_1\cos\theta''}$$

$$= -\frac{\sin\theta\cos\theta - \sin\theta''\cos\theta''}{\sin\theta\cos\theta + \sin\theta''\cos\theta''}$$

$$= -\frac{\tan(\theta - \theta'')}{\tan(\theta + \theta'')} \tag{3.9}$$

$$t_{\mathrm{p}} = \frac{A''}{A}$$

$$= \frac{2\sqrt{\epsilon_1}\cos\theta}{\sqrt{\epsilon_2}\cos\theta + \sqrt{\epsilon_1}\cos\theta''}$$

$$= \frac{2n_1\cos\theta}{n_2\cos\theta + n_1\cos\theta''}$$

$$= \frac{2\sin\theta''\cos\theta}{\sin(\theta + \theta'')\cos(\theta - \theta'')} \tag{3.10}$$

と得られる.

　s 偏光においても反射の法則と屈折の法則は成り立っており，反射係数と透過係数はそれぞれ

$$r_{\mathrm{s}} = -\frac{\sin(\theta - \theta'')}{\sin(\theta + \theta'')} \tag{3.11}$$

$$t_{\mathrm{s}} = \frac{2\sin\theta''\cos\theta}{\sin(\theta + \theta'')} \tag{3.12}$$

となる.

　光の**強度反射率**は，振幅反射率の絶対値の 2 乗をとって

$$R_{\mathrm{p}} = |r_{\mathrm{p}}|^2, \quad R_{\mathrm{s}} = |r_{\mathrm{s}}|^2 \tag{3.13}$$

となる.

　強度反射率の入射角依存性を図 3.2 に示す.

　図からわかるように，$0°$ と $90°$ 以外では常に $R_{\mathrm{s}} > R_{\mathrm{p}}$ であり，反射光は一般に偏光している．p 偏光では，式 (3.9) の分母が無限大となることで反射率

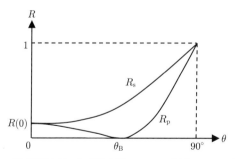

図 3.2: 強度反射率の角度依存性. R_p: p 偏光, R_s: s 偏光.

が 0 となる角度（ブリュースター (**Brewster**) 角 θ_B）が存在する.

全反射とエバネッセント光

　次に $n_1 > n_2$ の場合を考える．例えば，ガラス中から空気との境界面に光が入射するときがこの場合になる．境界面への入射角 θ が大きくなると

$$\sin\theta'' = \frac{n_1}{n_2}\sin\theta > 1 \tag{3.14}$$

となり，実数の θ'' が存在しなくなる．このとき，透過光は存在しなくなるので，光は 100% 反射される．このような状態を**全反射**という．ただし，境界面から下側で光波が完全に 0 となるのではなく，指数関数的に減衰している．その長さは波長程度であり，浸みだした光をエバネッセント光と呼ぶ.

例題 8 境界面における p 偏光の連続性

境界面における p 偏光の電場ベクトル $\boldsymbol{E}$ と磁束密度ベクトル $\boldsymbol{B}$ の連続性をマクスウェルの波動方程式から求めよ.

考え方

$z = 0$ を挟む微小距離について積分を行うと，式 (1.16) と式 (1.17) から境界面に平行な成分の連続性が得られる.

‖解答‖

式 (1.17) の y 成分について z 方向へ積分を行うことを考えると

$$\Delta E_x = \left(\frac{\partial B_y}{\partial t} + \frac{\partial E_z}{\partial x} \right) \Delta z \tag{3.15}$$

となる. E, B の微分は有限の値をもつので，$\Delta z \to 0$ とすると $\Delta E_x \to 0$ となる. したがって，境界面に平行な電場成分は連続している 同様に，境界面に平行な磁束密度成分も連続している.

したがって，式 (3.4), (3.5) の

$$E_{1x} = E_{2x}, \quad B_{1y} = B_{2y}$$

が得られる.

ワンポイント解説

・$z = 0$ 近傍での微分値が有限となるように，境界面に平行な成分または平行成分での微分を用いる.

例題 8 の発展問題

8-1. s 偏光の反射係数と透過係数（式 (3.11), (3.12)）をまとめにならって確かめよ.

8-2. 図 3.1 の媒質 2（下側）から入射する光の反射係数と透過係数をそれぞれ r' と t' とする. ストークス (Stokes) の定理

$$r' = -r \tag{3.16}$$

$$tt' + r^2 = 1 \tag{3.17}$$

を確かめよ.

例題 9 　垂直入射の反射率

$\theta \to 0$ の極限である垂直入射のときの反射係数を，p 偏光と s 偏光のそれぞれについて屈折率 n_1, n_2 の関数として求めよ．さらに，強度反射率を求めよ．

考え方

式 (3.9), (3.11) の極限をとって，屈折率で表せばよい．

‖解答‖

垂直入射に近づくと $\theta'' \simeq n_1 \theta / n_2$ となるので，

$$r_{\mathrm{p}} = -\frac{\tan(\theta - \theta'')}{\tan(\theta + \theta'')} \simeq -\frac{\theta - n_1 \theta / n_2}{\theta + n_1 \theta / n_2}$$
$$= \frac{n_1 - n_2}{n_1 + n_2} \tag{3.18}$$
$$r_{\mathrm{s}} = -\frac{\sin(\theta - \theta'')}{\tan(\theta + \theta'')} \simeq -\frac{\theta - n_1 \theta / n_2}{\theta + n_1 \theta / n_2}$$
$$= \frac{n_1 - n_2}{n_1 + n_2} \tag{3.19}$$

となる．垂直入射では p 偏光と s 偏光の区別がなくなるので，反射係数は同じになる．

強度反射率は

$$R(0) = R_{\mathrm{p}}(0) = R_{\mathrm{s}}(0) = \left(\frac{n_1 - n_2}{n_1 + n_2}\right)^2 \tag{3.20}$$

である．

ワンポイント解説

・$|\theta| \ll 1$ のときに，
$$\theta \simeq \sin \theta$$
$$\simeq \tan \theta$$
となる近似を用いる．

例題 9 の発展問題

9-1. p 偏光の反射率が 0 となるブリュースター角 θ_{B} と屈折率 n_1, n_2 の関係を求めよ．

9-2. 光学ガラス BK7 ($n = 1.52$) と SF18 ($n = 1.73$) に空気中 ($n = 1$) から光が入射する場合を考える．垂直入射のときの強度反射率とブリュースター角をそれぞれ求めよ．

例題 10 全反射

全反射条件では実数の屈折角は存在しないが，θ'' を複素数に拡張することで反射係数の計算が行える．相対屈折率 $n_r = n_2/n_1 < 1$ を用いて全反射における強度反射率と位相変化を p 偏光と s 偏光の両方について計算せよ．

考え方

$\sin\theta'' = (\sin\theta)/n_r > 1$ より

$$\cos\theta'' = \sqrt{1 - \sin^2\theta''} = i\sqrt{\frac{\sin^2\theta}{n_r^2} - 1} \tag{3.21}$$

として計算を行えばよい．

‖解答‖

p 偏光の強度反射率は式 (3.9) より

$$\begin{aligned}
R_p &= |r_p|^2 \\
&= \left| -\frac{n_r\cos\theta - \cos\theta''}{n_r\cos\theta + \cos\theta''} \right|^2
\end{aligned} \tag{3.22}$$

である．$\cos\theta''$ が純虚数なので式 (3.22) の分母と分子は複素共役の関係となっており，絶対値は等しい．したがって，$R_p = 1$ となる．s 偏光の強度反射率も同様に $R_s = 1$ となる．

反射による位相変化も式 (3.9) から求めることができ，p 偏光では

$$\begin{aligned}
\phi_p &= 2\,\mathrm{atan}\left(\frac{\cos\theta''}{n_r\cos\theta} \right) \\
&= 2\,\mathrm{atan}\left(\frac{\sqrt{\sin^2\theta - n_r^2}}{n_r^2\cos\theta} \right)
\end{aligned} \tag{3.23}$$

となる．s 偏光の位相変化は式 (3.11) から

ワンポイント解説

・a, b が実数のとき，

$$\left| \frac{a - bi}{a + bi} \right|$$

$$= \frac{\sqrt{a^2 + b^2}}{\sqrt{a^2 + b^2}} = 1$$

である．

$$\phi_{\mathrm{s}} = 2 \operatorname{atan} \left(\frac{\sqrt{\sin^2 \theta - n_{\mathrm{r}}^2}}{\cos \theta} \right) \qquad (3.24)$$

となり，p 偏光とは異なる．

例題 10 の発展問題

10-1. ガラスから空気中に浸みだしているエバネッセント光の振幅が $1/e$ の位置となる境界面からの距離を，光の波長 λ，ガラスの屈折率 n，入射角 θ で表せ．

10-2. 光学ガラス BK7 の内部の光が入射角 45° で全反射しているとき，エバネッセント光が空気中に浸みだしている長さを求めよ．光の波長は 532 nm，BK7 の屈折率は 1.519 とする．

10-3. 全反射を使うと p 偏光と s 偏光の位相に差をつけることができる．BK7 において位相差が $\pi/4$ となる入射角を数値計算により求めよ．

4 干渉

2 つの波の干渉

第 1 章例題 1 の発展問題で確認したように，2 つの光波の和は波動方程式を満たすことができる．ここでは，図 4.1 のように同じ周波数 ω をもつ 2 つの光波が z 軸から角度 $\pm\alpha$ の方向に伝播している場合を考える．このときの光波を

$$E_1 = A_1 e^{i(kx\sin\alpha + kz\cos\alpha - \omega t + \phi_1)} \tag{4.1}$$

$$E_2 = A_2 e^{i(-kx\sin\alpha + kz\cos\alpha - \omega t + \phi_2)} \tag{4.2}$$

と表すと，その重ね合わせは

$$
\begin{aligned}
E &= E_1 + E_2 \\
&= [A_1 e^{i(kx\sin\alpha + \phi_1)} + A_2 e^{i(-kx\sin\alpha + \phi_2)}] e^{i(kz\cos\alpha - \omega t)}
\end{aligned}
\tag{4.3}
$$

となる．

このとき，$z = 0$ における光強度は

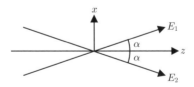

図 4.1: 2 つの波の重なり

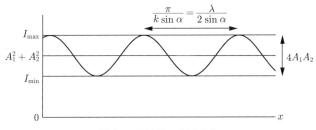

図 4.2: 干渉縞の強度分布

$$I = |E|^2 = A_1^2 + A_2^2 + 2A_1 A_2 \cos(2kx \sin\alpha + \phi_1 - \phi_2) \tag{4.4}$$

となる．これを x について示すと図 4.2 のように，周期が $\pi/(k \sin\alpha)$ の正弦波的な分布となる．このような周期的な強度分布を干渉縞と呼ぶ．干渉縞の強度の最大値は

$$I_{\max} = A_1^2 + A_2^2 + 2A_1 A_2 \tag{4.5}$$

であり，最小値は

$$I_{\min} = A_1^2 + A_2^2 - 2A_1 A_2 \tag{4.6}$$

である．この差を規格化した値

$$C = \frac{I_{\max} - I_{\min}}{I_{\max} + I_{\min}} = \frac{2A_1 A_2}{A_1^2 + A_2^2} \tag{4.7}$$

を，干渉縞のコントラストあるいは可視度と呼ぶ．

波面分割による干渉

2つの光波を干渉させる方法のうち，波面の分割を空間的に行ってから重ね合わせるのが波面分割干渉法である．ヤング (Young) によって行われた実験が最初のものであり，図 4.3(a) のように光源から出た光を2つのピンホールまたはスリットに通してからスクリーンで干渉させている．スリットを用いた方がより明るい干渉縞を得ることができる．ピンホールやスリットを使わずに干渉縞を得る方法として，図 4.3(b)-(d) のように鏡やプリズムを使う方法がある．

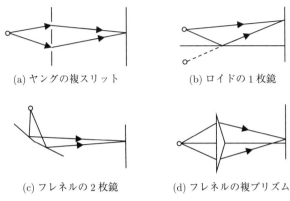

(a) ヤングの複スリット   (b) ロイドの 1 枚鏡

(c) フレネルの 2 枚鏡   (d) フレネルの複プリズム

図 4.3: さまざまな干渉実験の配置

振幅分割による干渉

2 つの光波を作る方法として，半透鏡のように光を部分的に反射させる光学素子を用いる方法がある．このような方法は振幅分割干渉と呼ばれる．

図 4.4(a) は空気中にある厚さ h，屈折率 n の平行板に垂直に光が入射した状態を表している．上面の振幅反射率を r とすると下面の反射率はストークスの定理より $r' = -r$ なので，入射光の電場を $E_0 e^{i(kz-\omega t)}$ とすると反射光の電場は

$$E_R(z,t) = E_0[re^{i(-kz-\omega t)} + r'e^{i(-kz-\omega t+2knh)}]$$
$$= E_0 r(1 - e^{2iknh})e^{i(-kz-\omega t)} \tag{4.8}$$

となる．ただし，上面での反射により下面からの反射光が弱まることは無視している．反射光強度は

$$I_R = 2|E_0|^2 r^2[1 - \cos(2knh)] \tag{4.9}$$

である．したがって，反射光は $2knh = 2m\pi$（m は整数）となったときに暗くなり，$2knh = (2m+1)\pi$ のときに明るくなる．厚さ h が均一でない場合には，同じ厚さの部分に等高線のように干渉縞が生じる．このような干渉を**等厚干渉**という．

図 4.4(b) のように平行板に角度 θ で光が入射した場合を考える．上面と下

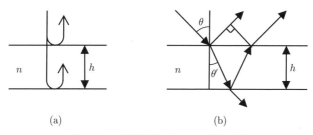

図 4.4: (a) 等厚干渉と (b) 等傾角干渉

面で反射する光波の光学的伝播距離の違いは，平行板の屈折率を考慮して

$$\Delta L = \frac{2nh}{\cos\theta'} - 2h\tan\theta'\sin\theta$$
$$= 2nh\cos\theta' \tag{4.10}$$

と求められる．θ' は平行板内での屈折角である．したがって，反射波の振幅は

$$E_R = E_0 r(1 - e^{2iknh\cos\theta'}) \tag{4.11}$$

となる．均一な厚さの平行板の場合には同じ入射角の部分に等高線のように干渉縞ができる．このような干渉を**等傾角干渉**という．

多光波の干渉

ここまでは干渉する光波は 2 つとして考えてきたが，図 4.4 のような平行板では多数回反射する光波も存在する．平行板の上面と下面の透過率を，それぞれ，t, t' とすると，反射することなく透過する光波の振幅は $tt'E_0$ となる．下面と上面で 1 回ずつ反射してから透過する光波は，反射率が r' であることと伝播により位相が

$$\phi = 4knh\cos\theta' \tag{4.12}$$

だけ変化することから，$tr'^2 e^{i\phi} t' E_0$ となる．反射は何度も繰り返されるので，透過光は等比数列の和となり，式 (3.17) のストークスの定理を用いると

$$E_{\mathrm{T}} = tt'E_0 + tr'^2 e^{i\phi} t'E_0 + t(r'^2 e^{i\phi})^2 t'E_0 + \cdots$$

$$= \frac{tt'E_0}{1 - r'^2 e^{i\phi}}$$

$$= \frac{1-R}{1-Re^{i\phi}} E_0 \tag{4.13}$$

と求まる．ここで，R は境界面の強度反射率である．平行板の強度透過率は，

$$\frac{I_{\mathrm{T}}}{I_0} = \frac{|E_{\mathrm{T}}|^2}{|E_0|^2}$$

$$= \frac{(1-R)^2}{1 - 2R\cos\phi + R^2}$$

$$= \frac{(1-R)^2}{(1-R)^2 + 4R\sin^2(\phi/2)}$$

$$= \frac{1}{1 + F\sin^2(\phi/2)} \tag{4.14}$$

となる．ただし，

$$F = \frac{4R}{(1-R)^2} \tag{4.15}$$

である．$\phi = 2m\pi$ のときは R の大きさにかかわらず透過率は 1 となる．この原理を用いた干渉計をファブリー・ペロー (Fabry-Perot) 干渉計という（例題 13 の発展問題）．

多層膜干渉（特性行列）

多層膜のように反射面が 3 つ以上ある場合の干渉は，単純な等比数列の和として表すことはできなくなる．このような場合には，反射や伝播の特性を行列を用いて計算すると便利である．図 4.5 は，左側と右側それぞれからの入射光 E_0, E_1' が反射や透過によって E_1, E_0' の出射光となることを示している．

ここでは，左側と右側の光波を結びつける**特性行列**を

$$\begin{bmatrix} E_0 + E_0' \\ E_0 - E_0' \end{bmatrix} = \begin{bmatrix} A & B \\ C & D \end{bmatrix} \begin{bmatrix} E_1 + E_1' \\ E_1 - E_1' \end{bmatrix} \tag{4.16}$$

と定義する．例えば，境界面を考えて左側からの光に対する反射・透過率を r, t とし，右側からを r', t' とすると

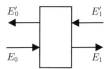

図 4.5: 行列により反射・透過を求めるモデル

$$E_0' = rE_0 + t'E_1' \tag{4.17}$$

$$E_1 = tE_0 + r'E_1' \tag{4.18}$$

であるから，$E_0 + E_0'$ をストークスの定理を使って整理すると

$$
\begin{aligned}
E_0 + E_0' &= \frac{E_1 - r'E_1'}{t} + rE_0 + t'E_1' \\
&= (1+r)\frac{E_1 - r'E_1'}{t} + t'E_1' \\
&= \frac{1+r}{t}(E_1 + E_1') \tag{4.19}
\end{aligned}
$$

となる．$E_0 - E_0'$ についても同様に計算すると

$$
\begin{bmatrix} A & B \\ C & D \end{bmatrix} =
\begin{bmatrix} \frac{1+r}{t} & 0 \\ 0 & \frac{1-r}{t} \end{bmatrix} \tag{4.20}
$$

が得られる．

　屈折率 n で厚さ h の空間を伝播する場合には

$$E_1 = E_0 e^{inkh} \tag{4.21}$$

$$E_0' = E_1' e^{inkh} \tag{4.22}$$

であるから

$$
\begin{bmatrix} A & B \\ C & D \end{bmatrix} =
\begin{bmatrix} \cos(nkh) & -i\sin(nkh) \\ -i\sin(nkh) & \cos(nkh) \end{bmatrix} \tag{4.23}
$$

が得られる．

　左側から入射する光の反射率や透過率を求める場合には，右側からの入射光がない状態 ($E_1' = 0$) として E_0 と E_0', E_1 の関係を求めればよいので，

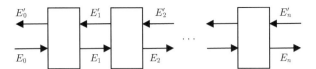

図 4.6: 多数の素子の反射・透過を求めるモデル

$$r_{\mathrm{ABCD}} = \frac{E_0'}{E_0} = \frac{A + B - C - D}{A + B + C + D} \qquad (4.24)$$

$$t_{\mathrm{ABCD}} = \frac{E_1}{E_0} = \frac{2}{A + B + C + D} \qquad (4.25)$$

と得られる.

　図 4.6 のように多数の素子が連続している場合には,

$$\begin{bmatrix} E_0 + E_0' \\ E_0 - E_0' \end{bmatrix} = \begin{bmatrix} A & B \\ C & D \end{bmatrix} \begin{bmatrix} A' & B' \\ C' & D' \end{bmatrix} \cdots \begin{bmatrix} E_n + E_n' \\ E_n - E_n' \end{bmatrix} \qquad (4.26)$$

のように, それぞれの素子の特性行列の積を求めればよい. 積が求まれば式 (4.24), (4.25) を用いて素子全体の反射率と透過率を容易に計算することができる.

例題 11　ヤング (Young) の干渉実験

図 4.7 に示すヤングの干渉実験においてスクリーン上（xy 面）の干渉縞の強度を求めよ．ただし，$L \gg d, x, y$ として近似してよい．

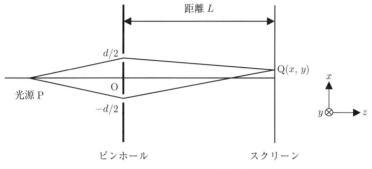

図 4.7: ヤングの干渉実験

考え方

2 つのピンホールは光源 P から等距離にあるので，ここでの位相は同じである．ピンホールからスクリーンまでの距離の差から位相差を求めればよい．

‖解答‖

2 つのピンホールからの距離の差は

$$\Delta L = \sqrt{L^2 + (x + d/2)^2 + y^2}$$
$$- \sqrt{L^2 + (x - d/2)^2 + y^2}$$
$$= L \left[1 + \frac{(x + d/2)^2 + y^2}{L^2} \right]^{1/2}$$
$$- L \left[1 + \frac{(x - d/2)^2 + y^2}{L^2} \right]^{1/2}$$
$$\sim \frac{xd}{L} \tag{4.27}$$

であるから，位相差は

ワンポイント解説

・$|x| \ll 1$ の場合の近似式
$(1+x)^\alpha \sim 1+\alpha x$
は，光学でよく用いられる．

$$\Delta\phi = k\Delta L = \frac{2\pi x d}{\lambda L} \qquad (4.28)$$

となる.

　2つのピンホールからの光波の振幅を A とすると，干渉縞の光強度は

$$I(x,y) = 4A^2\left(1 + \cos\frac{2\pi x d}{\lambda L}\right) \qquad (4.29)$$

と得られる. したがって，間隔 $\lambda L/d$ の干渉縞が y 軸に平行にできる. このとき，$x = 0$（y 軸上）は明るくなっている.

例題 11 の発展問題

11-1. 図 4.8 のように 2 つのピンホールに平面波が，z 軸に対して角度 δ で入射した場合を考える. このときの干渉縞の強度分布を求めよ.

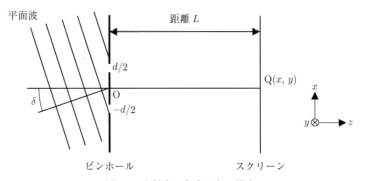

図 4.8: 入射光に角度がある場合

11-2. 図 4.8 のピンホールに 2 つの平面波が，それぞれ z 軸との角度 δ と $-\delta$ で入射した場合の干渉縞を求めよ. 特に，ピンホール間隔 d に対する依存性に注目してみよ. ただし，2 つの平面波は同じ波長をもつが，光源は独立であり互いに干渉することはないものとする.

11-3. カペラ（ぎょしゃ座）は視差角 0.058 秒の 2 重星である. 前問の方法で干渉縞のコントラストが 0 となる d の周期を求めよ. ただし，観測す

る波長は 500 nm とする．角度の単位は，1 度 = 60 分，1 分 = 60 秒である．

例題12 ニュートン (Newton) リング

　図4.9のように半径 R の球面をもつレンズの中心を下部の平行板に密着させておき，真上から波長 λ の光を入射した場合を考える．このとき，反射光に生じる干渉縞を求めよ．ただし，球面半径 R は中心から反射点までの距離 x に比べて十分に大きいとしてよい．

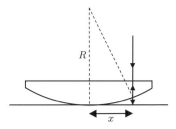

図 4.9: ニュートンリング

考え方

　球面と平行板の間は空気であるので，等厚干渉の式 (4.9) で $n = 1$ として考える．

‖解答‖

　球面と平行板の間隔を h とすると，球面を表す式は

$$(R-h)^2 + x^2 = R^2 \tag{4.30}$$

となるので，

$$h = R - \sqrt{R^2 - x^2} \sim \frac{x^2}{2R} \tag{4.31}$$

が得られる．

　したがって，等厚干渉の原理より

$$x = \sqrt{(2m-1)\frac{\lambda R}{2}} \quad (m \text{ は整数}) \tag{4.32}$$

の位置が明るくなり，同心円の干渉縞が現れる．こ

ワンポイント解説

・球面半径は十分に大きいので，球面と平行板からの反射光は同じ方向に進むと考える．

・$1 \gg x^2/R^2$ の近似を用いている．

れをニュートンリングという.　　　　　　　　　　　　∥

例題 12 の発展問題

12-1. シャボン玉に白色光があたると，その反射光が私たちの目に届く．シャ
ボン玉は球形であるが，光を反射する部分は石けん水の薄膜（平行板）
とみなすことができる．膜の厚さを h，屈折率を n としたとき，図
4.10 のようにシャボン玉に白色光が角度 θ で入射した場合に反射光が
明るくなる波長を求めよ．また，シャボン玉がさまざまな色をもつこと
を説明せよ．

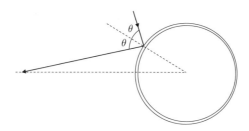

図 4.10: シャボン玉で反射する光

12-2. シャボン液の膜を四角い枠につけて枠を立てると，高さにより色が違っ
ている．また，時間がたつにつれて色が変化していき，最後には無色と
なる．なぜ，このような現象が起きるかを説明せよ．

例題 13   多光波の干渉

図 4.4(b) の平行板による反射光を多光波の干渉を考慮して考える.

1. 反射光の電場振幅を求めよ.
2. 強度反射率を式 (4.15) の F を用いて表し,透過率と反射率の和が 1 となることを確かめよ.

考え方

透過光と同様に,2 番目以後の反射が等比数列となることを利用する.

‖解答‖

1. 上面での 1 回目の反射光を rE_0 とすると下面で 1 回反射してきた光は $tr'e^{i\phi}t'E_0$ となる.その後の反射光は平行板内を 1 往復するごとに透過光と同様に $rr'e^{i\phi}$ の変化をするので

$$E_R = rE_0 + \frac{tr'e^{i\phi}t'E_0}{1 - r'^2 e^{i\phi}} \tag{4.33}$$

$$= \frac{(1 - e^{i\phi})\sqrt{R}}{1 - Re^{i\phi}}E_0 \tag{4.34}$$

となる.

2. 透過波と同様に強度反射率を計算すると

$$\begin{aligned}
\frac{I_R}{I_0} &= \frac{|E_R|^2}{|E_0|^2} \\
&= \frac{(2 - 2\cos\phi)R}{1 - 2R\cos\phi + R^2} \\
&= \frac{4R\sin^2(\phi/2)}{(1 - R)^2 + 4R\sin^2(\phi/2)} \\
&= \frac{F\sin^2(\phi/2)}{1 + F\sin^2(\phi/2)} \tag{4.35}
\end{aligned}$$

が得られる.式 (4.14), (4.35) から,強度透過率と強度反射率の和が 1 となることがわかる.

ワンポイント解説

・光の吸収がないので,光のもつエネルギーが保存されている.

例題 13 の発展問題

13-1. $R \sim 1$ のファブリー・ペロー干渉計について考えてみる．ある波長 λ_0 において，透過率が 1 となった．λ_0 の前後で透過率が 1/2 となる波長を求め，この干渉計の半値全幅 $\Delta\lambda$ を式 (4.15) の F を用いて表せ．ただし，$R \sim 1$ では $F \gg 1$ であることを用いて近似してよい．次に，$R = 0.98, h = 10$ mm, $\lambda_0 = 500$ nm のときの半値全幅を計算せよ．

13-2. 図 4.11 のように屈折率 n_2 の基板に屈折率 n_1 の薄膜を重ねたときの振幅反射率を多光波の干渉を考慮して求めよ．次に，ある波長で反射率が 0 となる反射防止膜の条件を求めよ．ただし，$1 < n_1 < n_2$ とする．

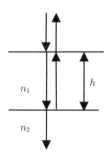

図 4.11: 反射防止膜

例題 14 特性行列

図 4.4(a) の単層薄膜の透過率を特性行列を用いて計算せよ.

考え方

2つの反射面と伝播の行列の積をとり, 式 (3.16), (3.17) のストークスの定理を使って整理すればよい.

‖解答‖

特性行列は

$$\begin{bmatrix} \frac{1+r}{t} & 0 \\ 0 & \frac{1-r}{t} \end{bmatrix} \begin{bmatrix} \cos(\phi/2) & -i\sin(\phi/2) \\ -i\sin(\phi/2) & \cos(\phi/2) \end{bmatrix}$$

$$\times \begin{bmatrix} \frac{1+r'}{t'} & 0 \\ 0 & \frac{1-r'}{t'} \end{bmatrix}$$

$$= \begin{bmatrix} \cos(\phi/2) & -i\frac{1+r}{1-r}\sin(\phi/2) \\ -i\frac{1-r}{1+r}\sin(\phi/2) & \cos(\phi/2) \end{bmatrix} \quad (4.36)$$

となる. 振幅透過率は式 (4.25) より

$$t = \frac{2}{2\cos(\phi/2) - 2i\frac{1+r^2}{1-r^2}\sin(\phi/2)}$$

$$= \frac{1-R}{(1-R)\cos(\phi/2) - i(1+R)\sin(\phi/2)}$$

$$= \frac{(1-R)e^{i\phi/2}}{1 - Re^{i\phi}} \quad (4.37)$$

となる. 式 (4.13) と位相に $\phi/2$ の違いがあるのは, 式 (4.13) では 1 回目の透過による位相変化を考慮していなかったためである.

ワンポイント解説

・位相変化は片道なので $\phi/2$ である.

例題 14 の発展問題

14-1. 図 4.12 のように屈折率が異なる 2 枚の薄膜が 1 単位となって多数回繰り返される多層反射膜を考える準備をする. $n_1 h_1 = n_2 h_2 = \lambda/4$ のとき, この 1 単位の素子（反射と伝播がそれぞれ 2 回）を表す特性行列

が対角行列となることを示せ.

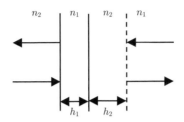

図 4.12: 多層反射膜の 1 単位

14-2. 図 4.12 の素子が N 回繰り返されているとき,左側からの光に対する反射率を求めよ.次に,$n_1 = 2.3, n_2 = 1.35, N = 20$ のときの強度反射率を計算せよ.

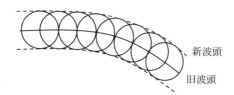

5 回折

---《 **内容のまとめ** 》---

ホイヘンス (Huygens) の原理

　前章までは光波が直線的に伝播する場合を考えてきた．しかし，波は港の防波堤を回り込むような性質をもっている．このような回折の性質は，「新しい波頭は旧波頭の各点を中心として次々に生まれる」というホイヘンスの原理（図 5.1）で定性的に説明される．しかし，この原理では定量性がないことや後方にも波頭ができてしまう問題があった．

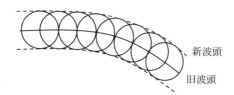

新波頭
旧波頭

図 5.1: ホイヘンスの原理

フレネル (Fresnel)-キルヒホッフ (Kirchhoff) の積分定理

　回折の原理はキルヒホッフによって数学的に厳密な形として定式化された．ここでは導出の詳細は示さないが，図 5.2 のような閉曲面 S_1, S_2 に囲まれた空間においてグリーン (Green) の定理

$$\int_{V} (u\nabla^2 v - v\nabla^2 u)dV = \int_{S_1+S_2} (u\nabla v - v\nabla u)_n dS \tag{5.1}$$

を考え，光波を表すヘルムホルツ (Helmholtz) 方程式

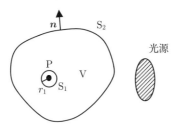

図 5.2: ヘルムホルツ–キルヒホッフの積分定理の導出

$$\nabla^2 u + k^2 u = 0 \tag{5.2}$$

を適用することで得られる．S_1 面の半径 r_1 を 0 の極限とすることで，点 P
の光波は

$$u(\mathrm{P}) = \frac{1}{4\pi} \int_{S_2} \left[\frac{e^{ikr}}{r} \cdot \frac{\partial u}{\partial n} - u \frac{\partial}{\partial n} \left(\frac{e^{ikr}}{r} \right) \right] dS \tag{5.3}$$

となり，S_2 面の積分で求めることができる．この式をヘルムホルツ–キルヒホッフの積分定理という．ここで r は点 P からの距離である．

次に図 5.3 のように，光源 P_0 からの光波が遮蔽板の開口で回折する場合を
考える．このとき遮蔽板の影となる S_C 面および半径 R を無限大とすること
ができる S_R 面からの寄与はなくなる．開口の S_A 面の光波は

$$u = A\frac{e^{ikr_0}}{r_0} \tag{5.4}$$

なので，点 P ではフレネル–キルヒホッフの積分定理

$$u(\mathrm{P}) = \frac{A}{2i\lambda} \int_{S_A} \frac{e^{ik(r+r_0)}}{rr_0} (\cos\theta_0 + \cos\theta) dS \tag{5.5}$$

が得られる．

さらに，回折がほぼ前方に起こるので $\theta_0 \sim \theta \sim 0$ とし，開口面上の光波の
分布を $u_0(r_0)$ とすると

$$u(\mathrm{P}) = \frac{1}{i\lambda} \int_{S_A} u_0(r_0) \frac{e^{ikr}}{r} dS \tag{5.6}$$

として回折光を計算できる．

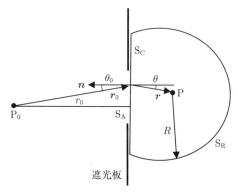

図 5.3: フレネル–キルヒホッフの積分定理の導出

図 5.4: バビネの原理

バビネ (Babinet) の原理

図 5.4 のような相補的な開口がある場合の回折について考えよう．開口面における光波を u_0 とすると，A の開口と B の開口による回折波の和は

$$U_A + U_B = \frac{1}{i\lambda} \int_{S_A + S_B} u_0 \frac{e^{ikr}}{r} dS = U_0 \tag{5.7}$$

となる．ここで U_0 は開口がない場合の光波である．u_0 がレーザー光のように指向性をもっている場合には，光波の中心から離れた位置では $U_0 = 0$ となっていると仮定できる．そのような位置では $U_A = -U_B$ となり，相補的な開口による回折波は正負が反転していることがわかる．このときの回折光強度は $|U_A|^2 = |U_B|^2$ と同じになる．相補的開口による回折光は，中心部以外は同じとなる．これをバビネの原理という．

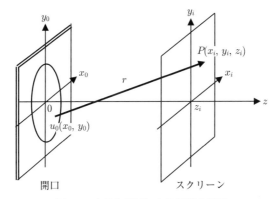

図 5.5: 小さな開口による回折の様子

フラウンフォーファー (Fraunhofer) 近似

　図 5.5 において，開口やスクリーン上の回折光の大きさに比べて開口からスクリーンまでの距離が長い場合 $(x_0, y_0, x_i, y_i \ll z_i)$ を考えると，式 (5.6) を近似することができる．e^{ikr} について x_0, y_0 の 1 次まで近似する場合をフラウンフォーファー近似という．

　r を展開すると 2 次までの近似は

$$r = \sqrt{(x_0 - x_i)^2 + (y_0 - y_i)^2 + z_i^2}$$
$$= z_i + \frac{x_i^2 + y_i^2}{2z_i} - \frac{x_i x_0 + y_i y_0}{z_i} + \frac{x_0^2 + y_0^2}{2z_i} + \cdots \tag{5.8}$$

である．したがって，式 (5.3) はフラウンフォーファー近似により

$$u(x_i, y_i) = \frac{1}{i\lambda z_i} e^{ik\{z_i + (x_i^2 + y_i^2)/2z_i\}} \int\int u_0(x_0, y_0) e^{-ik(x_i x_0 + y_i y_0)/z_i} dx_0 dy_0 \tag{5.9}$$

となる．この式は，回折波が光波 u_0 のフーリエ (Fourier) 変換で表されることを示している．

例題 15　長方形スリットによる回折

図 5.6 のような長方形スリットに振幅 u_0 の一様な光が入射したときの回折光強度を示せ．x_0, y_0 の方向の幅はそれぞれ a, b である．

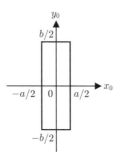

図 5.6: 長方形の開口

考え方

式 (5.9) の積分範囲を長方形の開口とすればよい．

‖解答‖

長方形の範囲の積分を行うと

$$
u(x_i, y_i) = \frac{1}{i\lambda z_i} e^{ik\left\{z_i + (x_i^2 + y_i^2)/2z_i\right\}}
$$
$$
\times \int_{-a/2}^{a/2} dx_0 \int_{-b/2}^{b/2} dy_0 u_0 e^{-ik(x_i x_0 + y_i y_0)/z_i}
$$
$$
= u_0 \frac{1}{i\lambda z_i} e^{ik\left\{z_i + (x_i^2 + y_i^2)/2z_i\right\}}
$$
$$
\times \frac{a\sin(kax_i/2z_i)}{kax_i/2z_i} \frac{b\sin(kby_i/2z_i)}{kby_i/2z_i} \quad (5.10)
$$

となる．回折光の強度は

ワンポイント解説

・$\dfrac{\sin x}{x}$ は sinc 関数と呼ばれ，$x \to 0$ の極限で 1 となる．sinc 関数は $\dfrac{\sin \pi x}{\pi x}$ と定義される場合もある．

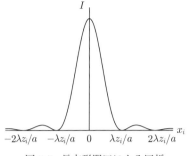

図 5.7: 長方形開口による回折

$$I = |u|^2$$
$$= |u_0|^2 \left(\frac{ab}{\lambda z_i}\right)^2 \left[\frac{\sin(kax_i/2z_i)}{kax_i/2z_i}\right]^2$$
$$\times \left[\frac{\sin(kby_i/2z_i)}{kby_i/2z_i}\right]^2 \tag{5.11}$$

である.

図 5.7 は $y_i = 0$ における光強度を示したものである. $x_i = 0$ が最大であり,

$$x_i = n\frac{\lambda z_i}{a} \quad (n = \pm1, \pm2, \cdots)$$

の位置は暗線となる. y_i 方向も

$$y_i = m\frac{\lambda z_i}{b} \quad (m = \pm1, \pm2, \cdots)$$

の位置が暗線となる. したがって, 長方形による回折光は $x_i = y_i = 0$ の中心が最も明るくなり, 等間隔の暗線が格子状に現れる.

　y 方向の開口が波長に比べて十分に長い単スリット ($b \gg \lambda$) の場合は, y 方向のフラウンフォーファー近似は成り立たなくなり, y_i 方向の回折光が一様となる. 回折の様子は x_i 方向だけを考えれば

　　よくなり，十分に長い単スリットからは縞状の回折
　　光が生じる．

例題 15 の発展問題

15-1. x 方向の幅が a で y 方向には十分に長い単スリットに，図 5.8 のように
　　光が z 軸に対して角度 θ だけ傾いて入射した．このときの回折光の強
　　度を求めよ．

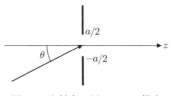

図 5.8: 入射光が傾いている場合

15-2. 中心の間隔が d だけ離れた 2 つの平行なスリット（幅 a）による回折光
　　強度を求めよ．

15-3. 直径 80 μm の直線状の髪の毛に波長 532 nm のレーザー光を照射した
　　ところ，回折光に明暗が観測された．1.0 m 離れたスクリーン上で回折
　　光が最初に暗くなる位置は中心から何 mm の位置か．

例題 16　円形開口による回折

半径 a の円形開口による回折光の特徴を例題 15 の長方形開口の場合と比較してみよ.

円形開口による回折光は以下に示すように第 1 種第 1 次のベッセル (Bessel) 関数 J_1 を用いて表されることが知られている. 開口が円形なので極座標を用いてフラウンフォーファー近似の計算を行うと, 回折光は

$$u(r_i, \phi_i) = \frac{1}{i\lambda z_i} \int_0^a dr_0 \int_0^{2\pi} d\phi_0 u_0 e^{-k(r_0 r_i/z_i)\cos(\phi_0-\phi_i)} \tag{5.12}$$

と表される. 積分の結果は

$$u(r_i) = u_0 \frac{\pi a^2}{i\lambda z_i} \frac{2J_1(kar_i/z_i)}{kar_i/z_i} \tag{5.13}$$

となる. $2J_1(r)/r$ のグラフを図 5.9 に示す.

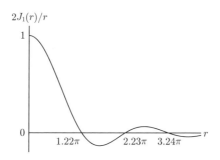

図 5.9: 円形開口による回折光

考え方

暗線の形状や位置を調べて例題 15 の結果と比較する.

‖解答‖

式 (5.10) と式 (5.13) を比較すると sin 関数の部分がベッセル関数 J_1 になっていることがわかる. 図 5.7 と図 5.9 はよく似ており, 回折光は同じような特徴をもつ.

ワンポイント解説

・ベッセル関数は円筒関数とも呼ばれ, ラプラス (Laplace) 方程式

円形開口による回折光も中心 ($r = 0$) が最も強く，中心から離れると暗線が現れる．ただし，暗線の形状は同心円である．暗線の位置は $r = 1.22\pi$, $2.23\pi, 3.24\pi, \cdots$ となり，長方形開口の場合と違い等間隔ではない．円形開口によって作られる同心円状の回折光をエアリー (Airy) の円板と呼ぶ.

またはヘルムホルツ方程式の円柱座標系における解である.

例題 16 の発展問題

16-1. 半径 $0.1\,\mathrm{mm}$ の円形開口から $1.0\,\mathrm{m}$ 離れたスクリーン上の回折光を考える．中心に最も近い暗線の半径を求めよ．光の波長は $500\,\mathrm{nm}$ とする.

16-2. リング状の開口による回折光の概形を議論せよ．リングの直径を R，幅を $a\,(a \ll R)$ とする.

　　ヒント：半径 $R + a$ の円形開口を半径 R の円形開口が隠していると考え，図 5.9 を用いて回折される光の振幅がどうなるかを考えてみる．結果を発展問題 **15-2** と比較してみるとよい.

例題 **17** 周期的繰り返し（回折格子）

回折格子による回折像を求めてみる．図 5.10 のように開口幅 a，開口間隔 d の回折格子に平面波が角度 θ で入射した．開口の数が N 個のとき，角度 θ' の方向に回折される光の強度を求めよ．

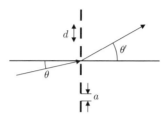

図 5.10: 回折格子

考え方

単スリットの繰り返しになっているので，1つの開口幅についての積分と繰り返しを分離して計算する．角度 θ' は，距離 z_i にあるスクリーン上の点 x_i の方向が $x_i = z_i \tan\theta' \sim z_i \sin\theta'$ であることを用いる．

‖解答‖

入射光は

$$u(x_0) = u_0 e^{ikx_0 \sin\theta} \tag{5.14}$$

と表されるので，回折光は

$$
\begin{aligned}
u(x_i) &= \frac{1}{i\lambda z_i} \int u(x_0) e^{-ik(x_0 x_i/z_i)} dx_0 \\
&= \frac{u_0}{i\lambda z_i} \sum_{n=0}^{N-1} e^{iknd\{(x_i/z_i)-\sin\theta\}} \\
&\quad \times \int_{-a/2}^{a/2} e^{-ikx_0\{(x_i/z_i)-\sin\theta\}} dx_0 \\
&= \frac{u_0 a}{i\lambda z_i} \frac{1-e^{iNkdp}}{1-e^{ikdp}} \frac{\sin(kap/2)}{kap/2} \tag{5.15}
\end{aligned}
$$

ワンポイント解説

・結果には $\dfrac{\sin Nx}{\sin x}$ の形の式が現れてくる．この値は，$\sin x$ が 0 となる極限（x が π の整数倍）で $\pm N$ となる．sinc 関数と並んで，光学ではよく現れる形式である．

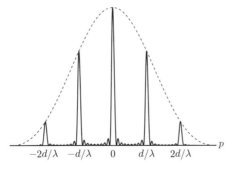

図 5.11: 回折格子による回折

となる. ただし,

$$p = \frac{x_i}{z_i} - \sin\theta \sim \sin\theta' - \sin\theta \qquad (5.16)$$

である. 光強度は

$$I(x_i) = |u_0|^2 \left(\frac{a}{\lambda z_i}\right)^2 \left[\frac{\sin(Nkdp/2)}{\sin(kdp/2)}\right]^2$$
$$\times \left[\frac{\sin(kap/2)}{kap/2}\right]^2 \qquad (5.17)$$

となる. d による項は $kdp/2 = n\pi$ (n は整数) の
ときに鋭いピークをもつ. n を回折の次数という.
a による項は単スリットの回折と同じであり, $p =$
0 で最大である. 回折格子による回折光は図 5.11
のようになる.

例題 17 の発展問題

17-1. 分光素子の分散は, 分光された光のピーク位置 x_i の波長 λ による変
化 $dx_i/d\lambda$ で定義される. 例題 17 の回折格子の n 次光の分散を求めよ.
ただし, 回折格子からスクリーンまでの距離を z_i とする.

17-2. 回折格子の波長分解能 $\Delta\lambda$ は, ある波長 λ の光がピークをもつ方向に
おいて波長 $\lambda + \Delta\lambda$ の光強度が 0 となるとして定義される. $\lambda \gg \Delta\lambda$ が
満たされていると仮定して, 例題 17 の回折格子の n 次光の波長分解能

を求めよ.

17-3. 溝間隔が $d = 1/1200\,\text{mm}$ で大きさが $5\,\text{cm}$ の回折格子の 1 次光の波長分解能を求めよ. 光の波長は $500\,\text{nm}$ とする. また, この回折格子を用いて焦点距離が $25\,\text{cm}$ の分光器を作製した. この分光器の分散を求めよ.

例題18　フレネル (Fresnel) 近似

　開口が比較的大きい場合には，式 (5.8) の x_0, y_0 の 2 次項も近似に取り入れる必要がある．このような近似はフレネル近似と呼ばれる．開口に一様な平行光が垂直入射しているときは，回折光の計算は以下のフレネル積分 $X(w), Y(w)$ を求めることに帰着できることを示せ．

$$X(w) = \int_0^w \cos\left(\frac{\pi}{2}p^2\right) dp \tag{5.18}$$

$$Y(w) = \int_0^w \sin\left(\frac{\pi}{2}p^2\right) dp \tag{5.19}$$

　なお，図 5.12 は，フレネル積分の振舞いを座標 $(X(w), Y(w))$ としてプロットしたものであり，コルニュ (**Cornu**) のらせんと呼ばれる．w の大きさが大きくなると，点 $(1/2, 1/2)$ および $(-1/2, -1/2)$ にらせんを描いて近づいていく特徴がある．

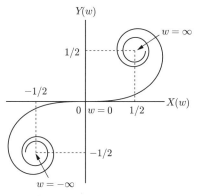

図 5.12: コルニュのらせん

考え方

　積分の変数を整理して，フレネル積分の形にまとめる．

‖解答‖

　式 (5.6) の e^{ikr} の r を 2 次まで近似すると

ワンポイント解説

・フレネル積分の結果は解析的な形で

$$u(x_i, y_i)$$
$$= \frac{u_0 e^{ikz_i}}{i\lambda z_i} \int\int_{\mathrm{S}} e^{ik\{(x_0-x_i)^2+(y_0-y_i)^2\}/2z_i} dx_0 dy_0$$

(5.20)

となる．ここで，

$$p = \sqrt{\frac{2}{\lambda z_i}}(x_0 - x_i) \qquad (5.21)$$

$$q = \sqrt{\frac{2}{\lambda z_i}}(y_0 - y_i) \qquad (5.22)$$

とおくと，式 (5.20) は

$$u = \frac{u_0 e^{ikz_i}}{2i} \int\int_{\mathrm{S}} e^{i\frac{\pi}{2}(p^2+q^2)} dp dq$$
$$= \frac{u_0 e^{ikz_i}}{2i} \int e^{i\frac{\pi}{2}p^2} dp \int e^{i\frac{\pi}{2}q^2} dq \qquad (5.23)$$

となる．

$$\int e^{i\frac{\pi}{2}p^2} dp = \int \cos\left(\frac{\pi}{2}p^2\right) dp + i \int \sin\left(\frac{\pi}{2}p^2\right) dp$$

(5.24)

であるから，フレネル近似による回折光はフレネル
積分から求めることができる．

　積分範囲は開口形状から決定され，単純な形状の
場合にはコルニュのらせん上の 2 点間の距離を求
める問題に帰着する（例題 18 の発展問題）．

表現することは
できないが，コル
ニュのらせんを用
いると回折光の振
舞いを定性的にイ
メージすることが
できる．

例題 18 の発展問題

18-1. 開口面の半分 $(x_0 < 0)$ が隠されている場合（ナイフエッジ回折）の回
折光強度の概略を図示せよ．一般的にイメージされる物体の影との違い
を説明せよ．

18-2. 開口面においてガウス型

$$u(x_0, y_0) = u_0 e^{-(x_0^2 + y_0^2)/w_0^2} \tag{5.25}$$

の部分をもつ光は，開口面を節とするガウシアンビームとして伝播する
ことをフレネル回折を用いて示せ．

6 レンズと収差

—————《 内容のまとめ 》—————

球面による屈折

　光はレンズにより集光することができる．一般的なレンズは球面で作られているので，ここでは 1 つの球面により光がどのように屈折されるかを考える．図 6.1 は，点 P から出た光が半径 r の球面上の点 R で屈折され，点 Q に到達する様子を示している．屈折率は P 側が n_1，Q 側が n_2 である．球面の中心は点 C であり，直線 PCQ が光軸となる．点 O は光軸と球面の交点であり，PO と OQ の距離をそれぞれ s と s' とする．

　三角形 PRC と三角形 RCQ の幾何学的な考察により

$$r \sin \theta = (r + s) \sin \theta_1 \tag{6.1}$$

$$r \sin \phi = (s' - r) \sin \theta_2 \tag{6.2}$$

である．屈折の法則から

$$\frac{\sin \theta}{\sin \phi} = \frac{n_2}{n_1} \tag{6.3}$$

であるから，

$$\frac{\sin \theta_1}{\sin \theta_2} = \frac{n_2(s' - r)}{n_1(s + r)} \tag{6.4}$$

が得られる．光軸から点 R までの距離が r, s, s' に比べて小さいとすると，

$$s \tan \theta_1 \sim s' \tan \theta_2 \tag{6.5}$$

であり，

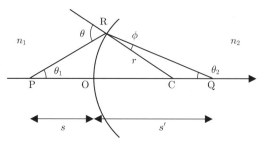

図 6.1: 球面による屈折

$$\sin\theta \sim \tan\theta \sim \theta \tag{6.6}$$

の近似を用いると

$$\frac{s'}{s} = \frac{n_2(s'-r)}{n_1(s+r)} \tag{6.7}$$

が得られる．この式を整理すると

$$n_1\left(\frac{1}{r}+\frac{1}{s}\right) = n_2\left(\frac{1}{r}-\frac{1}{s'}\right) \tag{6.8}$$

となる．この式は近似の範囲内では任意の θ_1 について成り立つので，点 P を出た光はすべて点 Q に集光される．

　レンズは一般的に 2 枚の球面で構成されている（一方が平面の場合もある）．無限遠からの光（平行光）がレンズで集光される点を焦点という．焦点距離は式 (6.8) から計算することができる（例題 19）．

収差

　光が球面で屈折する点が光軸から離れると式 (6.6) の近似は成り立たなくなり，光は同じ点に集光しなくなる．このような現象は収差と呼ばれる．集光位置の違いは θ や ϕ などの角度の 2 乗に比例した項として現れてくることが知られている．

　レンズを用いた光学系でしばしば現れる収差について簡単に述べておく．上述のように，屈折する点 R が光軸から離れていることにより集光位置が異なる収差は球面収差と呼ばれる．この収差は光線の幅が大きいときや焦点距離の

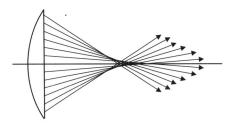

図 6.2: 球面収差のイメージ

短いレンズを使った場合に現れる．非球面レンズはこの収差を避けるために作られたものである．

　光線が球面レンズの光軸から離れた位置を透過している場合には，集光の様子は非対称となる．これはコマ収差の特徴である．この収差は光線をレンズの中心に通すことで避けることができる．また，球面レンズが光軸に対して傾いている場合には，光軸に対する方向により焦点距離が異なってくる．このため集光された光は楕円状になる．

　レンズで集光する場合には色収差にも注意が必要である．これはガラスの屈折率に波長依存性（分散）があることが原因である．一般に，ガラスの屈折率は光が短波長になると大きくなり，レンズの焦点距離は短くなる．色収差を低減する方法として，屈折率の違う2種類のガラスを組み合わせたアクロマティックレンズがある．

例題 19　薄い球面レンズ

　図 6.3 のように半径 r_1 と r_2 の 2 つの球面をもつ薄い凸レンズが空気中（屈折率 1）にある．このレンズの基本公式と焦点距離 f を求めよ．ただし，レンズの屈折率は n とする．

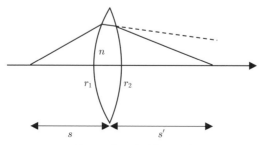

図 6.3: 薄い球面凸レンズ

考え方

　式 (6.8) を 2 回用いて，レンズの基本公式の形

$$\frac{1}{s} + \frac{1}{s'} = \frac{1}{f} \tag{6.9}$$

に整理すればよい．

‖解答‖

　入射面で屈折した光（破線）が光軸上で集光される位置を s'' とすると，式 (6.8) より

$$\frac{1}{r_1} + \frac{1}{s} = n\left(\frac{1}{r_1} - \frac{1}{s''}\right) \tag{6.10}$$

となる．一方，出射面の屈折では球面半径を負にとればよいので，

$$n\left(\frac{1}{-r_2} + \frac{1}{s''}\right) = \frac{1}{-r_2} - \frac{1}{s'} \tag{6.11}$$

となる．s'' を消去して整理すると

ワンポイント解説

・薄いレンズではレンズ内での伝播は無視できるので，レンズへの入射位置と出射位置は同じとする．

$$\frac{1}{s} + \frac{1}{s'} = (n-1)\left(\frac{1}{r_1} + \frac{1}{r_2}\right) \qquad (6.12)$$

が得られる．無限遠 $(s \to \infty)$ からの光が集光され
る位置 (s') が焦点なので，レンズの焦点距離 f は

$$\frac{1}{f} = (n-1)\left(\frac{1}{r_1} + \frac{1}{r_2}\right) \qquad (6.13)$$

となる．

例題 19 の発展問題

19-1. 前面が平面 $(r_1 \to \infty)$ で後面の半径が $r_2 = -r\,(r > 0)$ の凹レンズの焦
点距離を求めよ．レンズの屈折率は n とする．

19-2. 球面半径が $r_1 = r_2 = 20\ \mathrm{cm}$ の凸レンズの焦点距離を求めよ．レンズの
屈折率は $n = 1.5$ とする．

例題 20   平凸レンズの収差

図 6.4 に示した平凸レンズの収差を考える．平行光を平面側と凸面側から入射した場合には，どちらの収差が小さくなるかを議論せよ．

図 6.4: 平凸レンズ

考え方

屈折の回数と屈折角の違いから収差の大きさを比較する．

‖解答‖

平凸レンズの球面半径は一方が無限大であり，もう一方が r である．焦点距離は式 (6.13) より

$$\frac{1}{f} = \frac{n-1}{r} \tag{6.14}$$

となり，平面側から入射しても凸面側から入射しても同じである．

レンズ透過によって光が屈折する角を θ とすると，平面側からの入射では出射面で θ の屈折が起こる．収差の大きさは角度の 2 乗に比例するので，平面側からの入射では θ^2 に比例した収差が起こる．

一方，凸面側からの入射では入射面と出射面の両方で屈折が起こる．式 (6.8) を用いて評価すると，屈折角はそれぞれ θ/n と $(n-1)\theta/n$ となる．収差の大きさは

$$\left(\frac{\theta}{n}\right)^2 + \left[\frac{(n-1)\theta}{n}\right]^2 = \left[1 - \frac{2(n-1)}{n^2}\right]\theta^2 \tag{6.15}$$

に比例した量となる．ガラスの屈折率は $n > 1$ な

ワンポイント解説

・光学実験では平行光（ビーム状の光）を集光してから再び平行光とする場合が多い．このようなときでもレンズの向きに注意することで収差を小さく抑えることができる．

ので，この値は θ^2 より小さい．したがって，凸面
側から入射した方が収差は小さくなる．

例題 20 の発展問題

20-1. 短焦点のレンズと長焦点のレンズの収差について議論せよ．

20-2. 焦点距離 100 mm で設計されたレンズの色収差を評価する．波長 768.2 nm と波長 404.7 nm の光の焦点距離の違いを求めよ．それぞれの波長での屈折率は 1.5115 と 1.5302 とする．

7 幾何光学による結像

《 内容のまとめ 》

結像

　レンズなどの光学素子を用いると物体の像をスクリーンに写したり，物体を拡大して観察することができる．この章では物体の結像を幾何光学的に考える．

　図 7.1 は P に置かれた物体からの光がレンズなどの光学素子を透過した後に P′ に結像される様子を表している．結像が起きているときは，物体のそれぞれの点から出た光は P′ の対応する点に集光されている．このときの像の倍率や向きは結像に用いる光学素子によって決まっている．結像の様子を P′ よりも遠く（図右側）から観察すると，P′ の位置に物体があるように見える．また，P′ にスクリーンを置くと物体が映る．このような像を実像という．

　図 7.2 は像のできる位置 P′ が物体の側（図左側）にある場合を表している．光学素子を通して観察すると像が P′ にあるように見えるが，実際には P′ に結像した光はないのでスクリーンを置いても像は映らない．このような像を虚像という．

　望遠鏡や顕微鏡は複数の光学素子を用いて結像を行っている．このような場

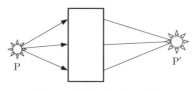

図 7.1: 結像の様子（実像）

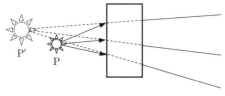

図 7.2: 結像の様子（虚像）

合には，初めの光学素子で作られた像を新たな物体と考え，次の光学素子による新たな結像を考える．複数の光学素子による結像を繰り返し用いることで，大きく拡大した像の観察が可能になる．

例題 21　凸レンズによる実像

　焦点距離 f の凸レンズによる結像を考える．図7.3のように焦点 F の外側 $(z > 0)$ で光軸から h 離れた位置に点 P がある．点 P からの光が集光される点 P' の位置を求めよ．また，このときの結像の倍率を求めよ．

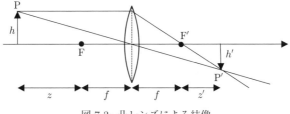

図 7.3: 凸レンズによる結像

考え方

　点 P を出発してレンズ中心を通る光とレンズの光軸に平行に進む光が交わる点を求めればよい．

‖解答‖

　図 7.3 のようにレンズ中心を通る光は直進するが，光軸に平行に進んだ光は屈折して反対側の焦点 F' を通る．中心を通る光と光軸を 2 辺とする F 側の三角形と F' 側の三角形の相似から

$$\frac{h}{f + z} = \frac{-h'}{f + z'}$$

が得られる．ただし，h' は上向きを正としている．屈折した光と光軸を 2 辺とする三角形の相似からは

$$\frac{h}{f} = \frac{-h'}{z'}$$

が得られる．これらの式を整理すると

ワンポイント解説

・相似となる三角形の組み合わせを見つけることがポイントである．

$$h' = -\frac{f}{z}h \qquad (7.1)$$

$$z' = \frac{f^2}{z} \qquad (7.2)$$

となる．これは，反対側の焦点 F′ から距離 z' の位置に反転した像が倍率 f/z でできることを示している．

例題 21 の発展問題

21-1. 点 P が焦点位置よりもレンズ側にある場合 $(z < 0)$ の結像位置と倍率を求めよ．

21-2. 凹レンズ $(f < 0)$ による結像を求めよ．

21-3. 虫メガネ（凸レンズ）を物体に密着させた状態から徐々に離していった．レンズを通して観察した場合に，像がどのように変化するかを説明せよ．

例題 22　レンズの組み合わせ（望遠鏡）

　望遠鏡は図 7.4 のように 2 枚の凸レンズ（焦点距離 f_1, f_2）を 2 枚のレンズの焦点位置が F′ で一致するように配置する．点 P が 1 枚目のレンズの焦点 F の外側にある場合 ($z > 0$) の結像位置を求めよ．

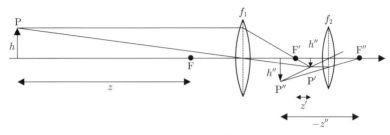

図 7.4: 望遠鏡の結像

考え方

　まず 1 枚目のレンズ（対物レンズ）による結像を求め，さらに 2 枚目のレンズ（接眼レンズ）による結像を求める．

‖解答‖

　1 枚目のレンズによる結像位置は，

$$h' = -\frac{f_1}{z}h$$

$$z' = \frac{f_1^2}{z}$$

である．

　1 枚目と 2 枚目のレンズの焦点が一致しているので，1 枚目のレンズの結像位置 z' は，2 枚目のレンズの物体位置としては $-z'$ になる．したがって，2 枚目のレンズによる結像は

ワンポイント解説

・z' の符号に注意する．

$$h'' = -\frac{f_2}{-z'}h' = -\frac{f_2}{f_1}h$$

$$z'' = \frac{f_2^2}{-z'} = -\frac{f_2^2}{f_1^2}z$$

となる．h'' の符号が変わるので，像は反転している．

例題 22 の発展問題

22-1. 例題 22 の望遠鏡について，物体が十分遠方にある場合 $(z \gg f_1, f_2)$ の視野角の拡大率を求めよ．

22-2. 望遠鏡の像が反転しないためにはどのようなレンズを用いればよいか．

22-3. 凸レンズ 2 枚を用いて鏡筒の長さが $d = 300\,\mathrm{mm}$ で倍率が 12 倍の望遠鏡を作りたい．レンズの焦点距離をどのようにすればよいか．

例題 23 顕微鏡

　顕微鏡では短焦点のレンズが用いられており，図 7.5 のようにレンズ間の距離 d は焦点距離よりも十分長くなっている（$d \gg f_1, f_2$）．物体 P は，1 枚目の対物レンズの焦点 F_1 近くに置かれ，最初の結像位置 P′ は 2 枚目の接眼レンズの焦点 F_2 近くとなる．接眼レンズによる結像位置 P″ は接眼レンズからの距離が D（$D \gg f_1, f_2$）となるように設計されている．物体の位置が $z_1 \ll d$ であるとき，この顕微鏡の倍率を求めよ．

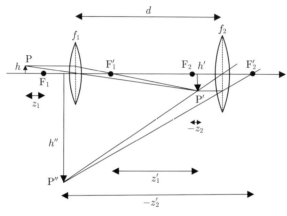

図 7.5: 顕微鏡の結像

考え方

　$z_1' \sim d$ と $z_2' \sim -D$ と近似ができるので，z_1', z_2' を用いて結像位置を表して倍率を求める．

‖解答‖

　1 枚目の対物レンズによる結像は

$$h' = -\frac{f_1}{z_1}h$$

$$z_1' = \frac{f_1^2}{z_1}$$

である．$z_1' \sim d$ であるから，

ワンポイント解説

・望遠鏡の焦点調整はレンズ間の距離（筒の長さ）で行うが，顕微鏡では筒の長さ（d）は変えずに物体と

$$h' = -\frac{f_1}{f_1^2/z_1'}h \sim -\frac{d}{f_1}h \tag{7.3}$$

となり，最初の結像で $-d/f_1$ 倍に拡大される．

2 枚目の接眼レンズに対する物体の位置を $-z_2$ とすると，結像の様子は

$$h'' = -\frac{f_2}{z_2}h'$$

$$z_2' = \frac{f_2^2}{z_2}$$

となる．結像位置が $z_2' \sim -D$ と設計されていることから，

$$h'' = -\frac{f_2}{f_2^2/z_2'}h' \sim \frac{D}{f_2}h' \tag{7.4}$$

となり，2 度目の結像で D/f_2 倍に拡大される．

顕微鏡の倍率 m は 2 回の拡大の積となるので

$$m = -\frac{Dd}{f_1 f_2} \tag{7.5}$$

となる．

1 枚目のレンズの間の距離を調整する．

例題 23 の発展問題

23-1. 例題 23 のように結像位置が $z_2' \sim -D$ となる物体の位置 z_1 を求めよ．

23-2. 鏡筒の長さが $d = 160$ mm で結像位置が $D = 250$ mm の顕微鏡がある．対物レンズで 20 倍，接眼レンズで 10 倍の倍率を得るためには，それぞれの焦点距離をいくつとすればよいか．

8 光線光学

―――――《 内容のまとめ 》―――――

光線伝送行列

　第6章，第7章ではレンズによる集光や結像の様子を幾何学的に求めた．本章では光線がレンズなどを透過して伝播する様子を行列を用いて考える．

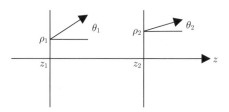

図 8.1: 光線の伝播

　光線を表す方法として光軸からの距離 ρ とその点での傾き θ を用いたベクトル $\begin{bmatrix} \rho \\ \theta \end{bmatrix}$ を定義する．ただし，ρ は光線が伝播する距離に比べて小さく，θ も十分に小さいと仮定する．図 8.1 のように z 軸を光軸とすると z_1 から z_2 への伝播によりベクトルが変化するので，その変化を

$$\begin{bmatrix} \rho_2 \\ \theta_2 \end{bmatrix} = \begin{bmatrix} A & B \\ C & D \end{bmatrix} \begin{bmatrix} \rho_1 \\ \theta_1 \end{bmatrix} \tag{8.1}$$

と行列を用いて表す．伝播やレンズなどの光学素子による光線の変化を表す光線伝送行列を求めておけば，光学素子を組み合わせた場合の光線の変化は光線

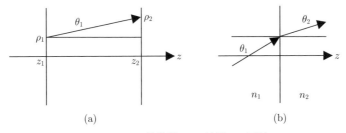

図 8.2: (a) 一様媒質, (b) 境界での屈折

伝送行列の積として計算することができる.

図 8.2(a) のように一様な媒質を距離 $d = z_2 - z_1$ だけ進んだときは, 光線の傾きは変わらないが光軸からの距離が $\theta_1 d$ だけ増加する. したがって, 伝播を表す行列は $\begin{bmatrix} 1 & d \\ 0 & 1 \end{bmatrix}$ となる.

図 8.2(b) のように屈折率が異なる領域の境界では, 屈折の法則より

$$\frac{n_2}{n_1} = \frac{\sin\theta_1}{\sin\theta_2} \sim \frac{\theta_1}{\theta_2} \tag{8.2}$$

となる. 光軸からの距離は変わらないので, 屈折を表す光線伝送行列は, $\begin{bmatrix} 1 & 0 \\ 0 & n_1/n_2 \end{bmatrix}$ となる. ここでは, θ_1, θ_2 は十分小さいと仮定している.

共振器の安定性

図 8.3 のように鏡を向かい合わせた場合には, 光は鏡の間に閉じ込められる. このような構造を共振器と呼び, 特にレーザー発振では欠かせないものとなっている. 共振器を 1 往復したときの光線伝送行列を $\begin{bmatrix} A & B \\ C & D \end{bmatrix}$ とすると, 共振器が安定である条件は,

$$\begin{bmatrix} A & B \\ C & D \end{bmatrix} \begin{bmatrix} \rho \\ \theta \end{bmatrix} = \lambda \begin{bmatrix} \rho \\ \theta \end{bmatrix} \tag{8.3}$$

となる固有値 λ が存在し, かつ

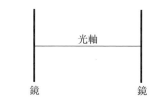

図 8.3: 共振器

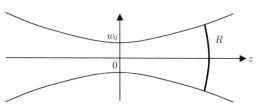

図 8.4: ガウシアンビーム

$$\lambda^N = 1 \ (N \text{ は自然数}) \tag{8.4}$$

となる N が存在することである．これは，N 往復後に光線が元の光線と同じ状態に戻ることを意味している．このような固有値 λ としては ± 1 がある．また，$\lambda = e^{\pm 2\pi i/N}$ の複素数の場合にも成立する．

ガウシアンビームを表すベクトル

ガウシアンビームの場合は，発展問題 **2-2** で求めたように節の位置から十分に離れた位置 z における波面半径が

$$R(z) = z \tag{8.5}$$

であることから，ガウシアンビームを表すベクトルとして $\begin{bmatrix} R(z)\theta \\ \theta \end{bmatrix}$ を考えることができる（図 8.4）．しかし，この場合には $z \sim 0$ での扱いが問題となる．そこで，複素数パラメータとして

$$q(z) = z - \frac{ikw_0^2}{2} \tag{8.6}$$

を定義する．このパラメータは，実部が節からの距離 z を表し，虚部が節に

おける半径 w_0 を表している．ガウシアンビームを $\begin{bmatrix} q(z)\theta \\ \theta \end{bmatrix}$ と表すと，光線伝

送行列を用いて複素数パラメータ $q(z)$ の変化を計算することができる．

例題 24 薄いレンズ

焦点距離 f の薄いレンズを表す光線伝送行列を求めよ.

考え方

図 8.5 のようなモデルを考え,屈折による傾きの変化が光軸からの距離によって異なることに注意して計算する.

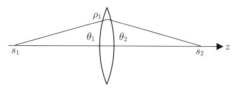

図 8.5: 薄いレンズ

‖解答‖

レンズで屈折するときには光軸からの距離は変化しないので,光軸からの距離 ρ_1 における傾きは

$$\theta_1 = \frac{\rho_1}{s_1} \tag{8.7}$$

$$\theta_2 = -\frac{\rho_1}{s_2} \tag{8.8}$$

である.レンズの公式より

$$\frac{1}{s_1} + \frac{1}{s_2} = \frac{1}{f} \tag{8.9}$$

なので,式を整理すると

$$\theta_2 = -\frac{1}{f}\rho_1 + \theta_1 \tag{8.10}$$

が得られる.したがって,薄いレンズの光線伝送行列は

$$\begin{bmatrix} 1 & 0 \\ -1/f & 1 \end{bmatrix} \tag{8.11}$$

ワンポイント解説

・レンズの中心を通る光は方向を変えることなく進むので,式 (8.10) に θ_1 が含まれる.

となる. ‖

例題 24 の発展問題

24-1. 例題 22 の望遠鏡の光線伝送行列を求めよ.

24-2. 前問の望遠鏡に以下の光線が入射した場合の変化について議論せよ.

(a) 平行光線 $\begin{bmatrix} \rho_1 \\ 0 \end{bmatrix}$

(b) 見込み角 θ_1 の光 $\begin{bmatrix} 0 \\ \theta_1 \end{bmatrix}$

例題 25 共振器の安定性

図 8.6 のように球面半径 R の 2 枚の球面鏡を距離 R だけ離して向かい合わせた共振器がある. この共振器が安定であることを確かめよ. なお, 球面鏡は焦点距離 $R/2$ のレンズとして働く.

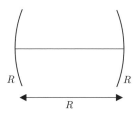

図 8.6: 球面鏡による共振器

考え方

1 往復の光線伝送行列の固有値を求めればよい.

‖解答‖

球面鏡の行列は $\begin{bmatrix} 1 & 0 \\ -\frac{2}{R} & 1 \end{bmatrix}$ と表されるので, 1 往復の行列は

$$\begin{bmatrix} 1 & R \\ 0 & 1 \end{bmatrix} \begin{bmatrix} 1 & 0 \\ -\frac{2}{R} & 1 \end{bmatrix} \begin{bmatrix} 1 & R \\ 0 & 1 \end{bmatrix} \begin{bmatrix} 1 & 0 \\ -\frac{2}{R} & 1 \end{bmatrix}$$

$$= \begin{bmatrix} -1 & 0 \\ 0 & -1 \end{bmatrix} \tag{8.12}$$

となる. したがって, 固有値は

$$\begin{vmatrix} -1-\lambda & 0 \\ 0 & -1-\lambda \end{vmatrix} = (1+\lambda)^2 = 0 \tag{8.13}$$

より, $\lambda = -1$ である. $\lambda^2 = 1$ なので, この共振器は安定である.

ちなみに, 2 往復の行列は

ワンポイント解説

・安定な共振器はレーザー共振器だけでなく, ファブリー・ペロー干渉計としても用いられる.

$$\begin{bmatrix} -1 & 0 \\ 0 & -1 \end{bmatrix} \begin{bmatrix} -1 & 0 \\ 0 & -1 \end{bmatrix} = \begin{bmatrix} 1 & 0 \\ 0 & 1 \end{bmatrix} \quad (8.14)$$

であり，単位行列となる．これは，どのような光線であっても2往復後に元に戻ることを意味している．

例題 25 の発展問題

25-1. 2枚の平面鏡を向かい合わせて作られた共振器の安定性を調べよ．

25-2. 球面半径 R の2枚の球面鏡を距離 d だけ離して向かい合わせた共振器が安定となる条件を調べよ．

　　ヒント：対称な共振器なので片道の伝送行列を用いて計算してよい．

例題 26 ガウシアンビームへの応用

　ガウシアンビームを表す複素数パラメータ q が以下の場合に正しく変換されることを確かめよ.

1. 一様な媒質中を距離 d だけ進んだとき.
2. $z = 0$ に節をもつガウシアンビームが $z = 2f$ にある焦点距離 f の薄いレンズを透過したとき. ただし, 焦点距離は十分に長い ($f \gg kw_0^2$) とする.

考え方

　入射光のベクトル $\begin{bmatrix} q\theta \\ \theta \end{bmatrix}$ に対する出射光のベクトル $\begin{bmatrix} q'\theta' \\ \theta' \end{bmatrix}$ を求め, q' が正しく変換されていることを確かめる.

‖解答‖

1. 距離 d の伝播による変化は

$$\begin{bmatrix} q'\theta' \\ \theta' \end{bmatrix} = \begin{bmatrix} 1 & d \\ 0 & 1 \end{bmatrix} \begin{bmatrix} q\theta \\ \theta \end{bmatrix}$$
$$= \begin{bmatrix} (q+d)\theta \\ \theta \end{bmatrix} \qquad (8.15)$$

となる. したがって,

$$q' = q + d = z + d - \frac{ikw_0^2}{2} \qquad (8.16)$$

となる. 実部が d だけ変化しており, 距離 d の伝播を正しく表している.

2. レンズによる変化は

$$\begin{bmatrix} q'\theta' \\ \theta' \end{bmatrix} = \begin{bmatrix} 1 & 0 \\ -1/f & 1 \end{bmatrix} \begin{bmatrix} q\theta \\ \theta \end{bmatrix}$$
$$= \begin{bmatrix} q\theta \\ (-q/f + 1)\theta \end{bmatrix} \qquad (8.17)$$

ワンポイント解説

・ガウシアンビームの集光は幾何学的に表すことが困難なので, 伝送行列による計算が有用である.

となる. レンズ位置である $z = 2f$ のときの q の値
は

$$q = 2f - \frac{ikw_0^2}{2} \qquad (8.18)$$

なので, レンズ透過後の値は

$$\begin{aligned}
q' &= \frac{q}{1 - q/f} \\
&= \frac{2f - ikw_0^2/2}{1 - (2f - ikw_0^2/2)/f} \\
&= -2f \frac{1 - ikw_0^2/(4f)}{1 - ikw_0^2/(2f)} \\
&\sim -2f - \frac{ikw_0^2}{2} \qquad (8.19)
\end{aligned}$$

となる. この q' はガウシアンビームが節から $-2f$
だけ手前にあることを示している. したがって, レ
ンズから次の節(集光位置)までの距離は $2f$ とな
り, レンズの集光特性を正しく表している.

例題 26 の発展問題

26-1. $z = 0$ においてビーム幅 w_0 の節となっているガウシアンビームの伝播
を考える. 焦点距離 f のレンズを $z = 4f$ においたとき, ガウシアン
ビームが再び節となる位置とそのときのビーム半径を求めよ.

26-2. 図 8.7 のように平面鏡と曲率半径 R の球面鏡により作られた共振器を
考える. 鏡間の距離は $d = 2R$ とする. 左端の平面鏡におけるガウシア
ンビームの複素数パラメータを q としたときに, 共振器を 1 往復した

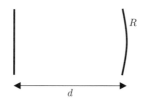

図 8.7: 平面鏡と球面鏡による共振器

後の複素数パラメータが q に一致する条件を求めよ．また，このガウ
シアンビームの平面鏡の位置での半径を求めよ．

26-3. 発展問題 **25-1** で検討した平面鏡による共振器では，安定なガウシアン
ビームが存在しないことを示せ．

9 ホログラフィー

────────《 **内容のまとめ** 》────────

ホログラフィーの原理

　ホログラフィーは物体の像を立体的（3次元的）に記録・再生する技術である．普通の写真との違いは，写真が物体から来た光の強度（|振幅|^2）のみを記録・再生するのに対して，ホログラフィーでは物体から来た光波の振幅と位相を記録・再生する点である．理想的なホログラフィーからの光は元の物体からの光波と何らの区別がつかず，結果的に私たちの目にはあたかもそこに物体が存在するかのように見える．例えば，人の顔を正面から撮影した写真では斜めから眺めても正面の顔しか見えないが，ホログラフィーならば横顔も見える．

　図 9.1 はホログラフィーの記録と再生の様子を模式的に示したものである．記録をするときの物体からの光（物体光）と参照光を，それぞれ

$$\tilde{E}_{\mathrm{o}} = E_{\mathrm{o}} e^{i\phi_{\mathrm{o}}}$$

$$\tilde{E}_{\mathrm{r}} = E_{\mathrm{r}} e^{i\phi_{\mathrm{r}}}$$

とおく．これら 2 つの光波はコヒーレント（可干渉）な必要がある．記録ではこれら 2 つの波を重ね合わせた $(\tilde{E}_{\mathrm{o}} + \tilde{E}_{\mathrm{r}})$ が記録される．実際に写真乾板上に記録されるのは光強度なので，

$$I = \left| \tilde{E}_{\mathrm{o}} + \tilde{E}_{\mathrm{r}} \right|^2$$
$$= |\tilde{E}_{\mathrm{o}}|^2 + |\tilde{E}_{\mathrm{r}}|^2 + \tilde{E}_{\mathrm{o}} \tilde{E}_{\mathrm{r}}^* + \tilde{E}_{\mathrm{o}}^* \tilde{E}_{\mathrm{r}} \tag{9.1}$$

となる．ここで重要なのは，2 つの光波の強度の和 $(|\tilde{E}_{\mathrm{o}}|^2 + |\tilde{E}_{\mathrm{r}}|^2)$ だけが記録

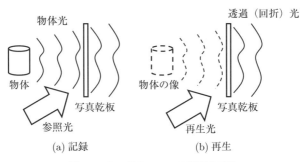

(a) 記録   (b) 再生
図 9.1: ホログラフィーの記録と再生

されるのではないことである.

写真乾板を現像するなどして作られたホログラムの透過率 T は記録されたときの光強度 I によって決まる. 一般的な写真乾板は露光により透過率が小さくなるので

$$T = 1 + A(|\tilde{E}_{\mathrm{o}}|^2 + |\tilde{E}_{\mathrm{r}}|^2 + \tilde{E}_{\mathrm{o}}\tilde{E}_{\mathrm{r}}^* + \tilde{E}_{\mathrm{o}}^*\tilde{E}_{\mathrm{r}}) \tag{9.2}$$

と表すことができる. ここで A は単位光強度あたりの透過係数の変化であり, 負の値をもつ. ここに再生光として参照光と同じ $\tilde{E}_{\mathrm{r}}$ を照射すると, 透過光は

$$\begin{aligned}
T\tilde{E}_{\mathrm{r}} &= \left[1 + A(|\tilde{E}_{\mathrm{o}}|^2 + |\tilde{E}_{\mathrm{r}}|^2 + \tilde{E}_{\mathrm{o}}\tilde{E}_{\mathrm{r}}^* + \tilde{E}_{\mathrm{o}}^*\tilde{E}_{\mathrm{r}})\right]\tilde{E}_{\mathrm{r}} \\
&= \left[1 + A(|\tilde{E}_{\mathrm{o}}|^2 + |\tilde{E}_{\mathrm{r}}|^2)\right]\tilde{E}_{\mathrm{r}} + A|\tilde{E}_{\mathrm{r}}|^2\tilde{E}_{\mathrm{o}} + A\tilde{E}_{\mathrm{o}}^*\tilde{E}_{\mathrm{r}}^2 \tag{9.3}
\end{aligned}$$

となる. 第 2 項は物体光 $\tilde{E}_{\mathrm{o}}$ に比例しており, 振幅と位相の両方を再現している. この光波による像は直接像と呼ばれる. ただし, 図 9.1(b) に示したように像のできる位置に光がないので虚像である.

ところで式 (9.3) の右辺第 3 項 $\tilde{E}_{\mathrm{o}}^*\tilde{E}_{\mathrm{r}}^2$ は, これを書き下すと $E_{\mathrm{r}}^2 E_{\mathrm{o}}^* e^{i(2\phi_{\mathrm{r}} - \phi_{\mathrm{o}})}$ となる. これは, 参照光とも物体光とも異なる方向に進む光波である. この成分は共役波と呼ばれる. 再生光を工夫して $E_{\mathrm{o}}^* e^{-i\phi_{\mathrm{o}}}$ という成分のみをうまく取り出すと, 直接像とは遠近や凹凸が異なる像が観察される. 共役波により作られる像は共役像と呼ばれる.

再生光が記録に用いられた参照光と異なる場合には, 再生される像が変わってくる. 光波の伝播をフラウンフォーファー近似で考えると, 写真乾板には物

図 9.2: 点光源を再生するゾーンプレート

体のフーリエ変換像が記録されていることになる．再生の過程は逆フーリエ変換と考えることができ，参照光と再生光が異なる場合でも結像の位置や大きさ，向きを求めることができる．

計算ホログラム（ゾーンプレート）

　ホログラフィーにおける物体光と参照光の干渉を計算により算出して，印刷などの技術により作成したものが計算ホログラムである．印刷技術の進歩により容易に作成ができるようになっており，高精度のものは紙幣などの偽造防止の技術として用いられている．

　最も簡単な計算ホログラムは，物体が点であり参照光が垂直に写真乾板に入射している場合である．このようなホログラムはゾーンプレートと呼ばれ，図9.2のような同心円となる．ゾーンプレートでは共役波が集光するのでレンズとして用いることができる．

例題 27 直接像の再生位置

図 9.3 のように写真乾板を $z = 0$ においた．物体は $z = z_\mathrm{o}$ $(z_\mathrm{o} < 0)$ にあり，その形状は $B(x, y)$ である．参照光は $z = 0$ において

$$\tilde{E}_\mathrm{r} = E_\mathrm{r} e^{ikx \sin \theta} \tag{9.4}$$

である．

$z = 0$ における物体光をフラウンフォーファー近似で求めよ．次に，参照光と同じ再生光で再生したときの透過（再生）光を求め，$z = z_\mathrm{o}$ において物体と同じ形に結像することを示せ．

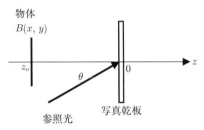

物体
$B(x, y)$

z_o

θ

0

z

参照光　　写真乾板

図 9.3: 物体の記録と直接像の再生

考え方

物体光の $z = z_\mathrm{o}$ から $z = 0$ までの伝播はフラウンフォーファー回折（フーリエ変換）で表されるのに対して，透過（回折）光を $z = 0$ から $z = z_\mathrm{o}$ まで遡って伝播を評価することが逆フーリエ変換になることを示す．

‖解答‖

$z = 0$ における物体光 $\tilde{E}_\mathrm{o}$ は伝播距離が $-z_\mathrm{o}$ なので，フラウンフォーファー近似により

$$\tilde{E}_\mathrm{o}(x, y) = \frac{e^{ik(-z_\mathrm{o})}}{i\lambda(-z_\mathrm{o})} \int\!\!\int dx_\mathrm{o} dy_\mathrm{o} B(x_\mathrm{o}, y_\mathrm{o})$$
$$\times \exp\left[-\frac{ik(xx_\mathrm{o} + yy_\mathrm{o})}{-z_\mathrm{o}} \right] \tag{9.5}$$

ワンポイント解説

・参照光強度 $|\tilde{E}_\mathrm{r}|^2$ は，写真乾板の位置によらず一定であることを仮定している．

となる.

　直接像を作る透過光 $\tilde{E}_i$ は $z = 0$ では,

$$\tilde{E}_i(x, y, 0) = A|\tilde{E}_r|^2 \tilde{E}_o(x, y) \tag{9.6}$$

であるから, $z = z_i$ における光波は

$$\tilde{E}_i(x_i, y_i, z_i) = \frac{e^{ikz_i}}{i\lambda z_i} \int\int dxdy\, A|\tilde{E}_r|^2 \tilde{E}_o(x, y)$$
$$\times \exp\left[-\frac{ik(x_i x + y_i y)}{z_i}\right] \tag{9.7}$$

となる.

　フーリエ変換部分を

$$E'(x', y')$$
$$= \int\int dxdy\, E(x, y) \exp\left[-\frac{ik(x'x + y'y)}{z}\right]$$
$$= \mathrm{F}_z[E] \tag{9.8}$$

と表現すると, $z_i = z_o$ のとき

$$\tilde{E}_i(x_i, y_i, z_o)$$
$$\propto \int\int dxdy \int\int dx_o dy_o B(x_o, y_o)$$
$$\times \exp\left[-\frac{ik(xx_o - x_i x + yy_o - y_i y)}{z_o}\right]$$
$$= \int\int dxdy\, \mathrm{F}_{z_o}[B] \exp\left[\frac{ik(x_i x + y_i y)}{z_o}\right]$$
$$= \mathrm{F}_{-z_o}[\mathrm{F}_{z_o}[B]] \tag{9.9}$$

となる. F_{-z_o} は F_{z_o} の逆変換であるから

$$\tilde{E}_i(x_i, y_i, z_o) = \frac{A|\tilde{E}_r|^2}{\lambda^2 z_o^2} B(x_i, y_i) \tag{9.10}$$

と, 物体と同じ像になる.

例題 27 の発展問題

27-1. 例題 27 において共役波が像を結ぶ位置と形状を求めよ.

27-2. 例題 27 において再生光の波数が k' であり参照光の波数 k とは異なる
ときに, 直接像が結像する位置と大きさを求めよ.

例題 28 ゾーンプレート

図 9.2 のゾーンプレートを作るための濃淡の分布を計算し，中心が明るいときに他の明るくなる位置の半径を求めよ．ただし，点状物体の位置をz_o，光波の波数をkとする．

考え方

物体光の伝播を計算し，中心が明るくなるように参照光の位相を決める．ホログラフィーの計算では省略した x^2, y^2 の項も考慮する．

解答

$z = 0$ における物体光は

$$\tilde{E}_o(x,y) = E_o \frac{e^{ik(x^2+y^2)/(-2z_o)+ik(-z_o)}}{i\lambda(-z_o)}$$
$$= E_o' e^{ik(x^2+y^2)/(-2z_o)} \tag{9.11}$$

となるので，濃淡分布は

$$|\tilde{E}_r + \tilde{E}_o(x,y)|^2$$
$$= |E_r|^2 + |E_o'|^2$$
$$+ 2|E_r||E_o'|\cos\left[\frac{k(x^2+y^2)}{2z_o}\right] \tag{9.12}$$

となる．

明るくなる半径 r は，

$$\frac{kr^2}{2z_o} = 2\pi n \quad (n=0,1,2,\cdots) \tag{9.13}$$

より，

$$r = \sqrt{\frac{4\pi n z_o}{k}} = \sqrt{2n\lambda z_o} \quad (n=0,1,2,\cdots) \tag{9.14}$$

である．

ワンポイント解説

・フレネルレンズも平面状であるが，通常のレンズを同心円状に分割して薄くしたものであり，ゾーンプレートの原理とは異なる．

例題 28 の発展問題

28-1. 光を 2 つの点 $(\pm a, 0, z_c)$ に集光するゾーンプレート（変調されたゾーンプレート）の濃淡を計算し，その概略を図示せよ．

28-2. 光を 2 つの点 $(\pm a, 0, z_c)$ を結ぶ線上に集光するゾーンプレートの濃淡を計算し，その概略を図示せよ．

10 光パルス

★★

《 内容のまとめ 》

光パルスの表現

　レーザー光はコヒーレンス（可干渉性）をもっていることが特徴であり，理想的光源としてその単色性や指向性が注目されてきた．しかし，時間的コヒーレンスのよさは安定した連続光の発生だけでなく，時間的に短い時間だけ存在する光パルスを作ることも可能としている．近年では，フェムト秒（10^{-15} 秒）よりも短いアト秒（10^{-18} 秒）の光パルスも発生されており，高い時間分解能をもつ測定が行われている．また，光パルスの高いピーク出力を用いると，新たな光学現象（非線形光学現象）を起こすことができる．本書ではここまで振幅が一定の連続波を扱ってきたが，本章では光パルスの特徴を考える．

　光パルスでは振幅が時間変化しているので，光波を

$$E(t) = a(t)e^{-i\omega_0 t} \tag{10.1}$$

のように表す．$a(t)$ は包絡関数であり，図 10.1 のように光パルスの形状を決定する．

　光パルスの強度は

$$I(t) = |a(t)|^2 \tag{10.2}$$

であり，光パルスの時間幅 Δt は強度の半値全幅で定義され，式 (10.3), (10.4) の時定数 t_p と関係している（例題 29）．光パルスの波形を表す関数としては，ガウス関数

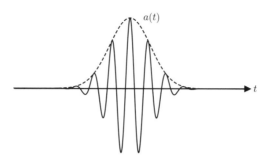

図 10.1: 光パルスの時間変化

$$a(t) = a_0 e^{-(t/t_{\mathrm{p}})^2} \tag{10.3}$$

と双曲線関数

$$a(t) = a_0 \operatorname{sech}(t/t_{\mathrm{p}}) = \frac{2a_0}{e^{t/t_{\mathrm{p}}} + e^{-t/t_{\mathrm{p}}}} \tag{10.4}$$

がよく用いられる．双曲線関数のパルスはモード同期レーザーの出力として得られることが知られており，裾が指数関数的に減衰していることが特徴である．

パルスの時間幅と周波数幅

　同じ周波数で連続している光波は単色光であるが，光パルスは周波数幅をもっている．光パルスの時間特性と周波数特性はフーリエ変換で関係づけられている．ある周波数 ω の成分 $A(\omega)$ は

$$A(\omega) = \int E(t) e^{i\omega t} dt = \int a(t) e^{i(\omega - \omega_0)t} dt \tag{10.5}$$

であり，包絡関数 $a(t)$ のフーリエ変換となる．スペクトルの幅 $\Delta\nu$ は，スペクトル強度の半値全幅で定義される．なお，スペクトル幅は角周波数 ω ではなく周波数 ν で定義するのが一般的である．

　光パルスが式 (10.1) と式 (10.3), (10.4) のような形で表されるとき，時間幅とスペクトル幅の積 $\Delta t \Delta \nu$ は各パルス波形において最小となっている．例えば，双曲線関数の場合は $\Delta t \Delta \nu = 0.315$ である．その周波数幅で決まる最短

パルス幅の状態をフーリエ変換限界パルスと呼ぶ.

　光パルスの時間幅が長いときは周波数の広がりは狭く, 光パルスを単色光と考えても問題はない. しかし, ピコ秒 (ps: 10^{-12} 秒) やフェムト秒 (fs: 10^{-15} 秒) の超短光パルスでは周波数の広がりを無視できなくなる.

光パルスの伝播と分散

　波長により屈折率が異なる (分散がある) 物質中を伝播する光パルスを考える. 伝播の様子は周波数分解をした波

$$E(z,t) = \int A(\omega)e^{i(kz-\omega t)}d\omega \tag{10.6}$$

で考えることができる. 波数 k の分散を 1 次まで展開して

$$k(\omega) = k(\omega_0) + \frac{dk}{d\omega}(\omega - \omega_0) \tag{10.7}$$

とすると

$$\begin{aligned}
E(z,t) &= \int A(\omega)e^{i[k(\omega)z-\omega t]}d\omega \\
&= e^{i[k(\omega_0)-\frac{dk}{d\omega}\omega_0]z}\int A(\omega)e^{i(\frac{dk}{d\omega}z-t)\omega}d\omega \\
&= e^{i[k(\omega_0)-\frac{dk}{d\omega}\omega_0]z}a\left(t - \frac{dk}{d\omega}z\right)e^{-i\omega_0 t} \tag{10.8}
\end{aligned}$$

となる. これは, 光パルスの波形 (包絡関数) が速度 $(dk/d\omega)^{-1}$ で進むことを意味している. この速度を群速度と呼ぶ. $k = 2\pi n/\lambda$ であるから群速度 v_{g} は

$$v_{\mathrm{g}} = \left(\frac{dk}{d\omega}\right)^{-1} = \frac{c/n}{1-(\lambda/n)(dn/d\lambda)} \tag{10.9}$$

となる. 屈折率 n が波長によらず一定 $(dn/d\lambda = 0)$ であるときは, 群速度は位相速度 c/n に一致する. しかし, 一般には群速度が波長により異なるため, 光パルスの波形は伝播とともに変化する.

例題 29　光パルスの時間幅

式 (10.3) と式 (10.4) で表される光パルスの時間幅 Δt と時定数 t_p の関係をそれぞれ求めよ.

考え方

光強度の半値全幅がパルス幅なので,

$$a\left(\frac{\Delta t}{2}\right) = \frac{1}{\sqrt{2}} a(0) \tag{10.10}$$

を解けばよい.

‖解答‖

式 (10.3) のガウス関数の光パルスの場合は

$$e^{-\{(\Delta t/2)/t_\mathrm{p}\}^2} = \frac{1}{\sqrt{2}} \tag{10.11}$$

より

$$\Delta t = 2\sqrt{\ln\sqrt{2}}\, t_\mathrm{p} = 1.177\, t_\mathrm{p} \tag{10.12}$$

である.

式 (10.4) の双曲線関数の光パルスの場合は

$$\mathrm{sech}\left(\frac{\Delta t/2}{t_\mathrm{p}}\right) = \frac{2}{e^{\Delta t/2t_\mathrm{p}} + e^{-\Delta t/2t_\mathrm{p}}} = \frac{1}{\sqrt{2}} \tag{10.13}$$

より

$$e^{\Delta t/2t_\mathrm{p}} = 1 + \sqrt{2} \tag{10.14}$$

であるから

$$\Delta t = 2\ln\left(1 + \sqrt{2}\right) t_\mathrm{p} = 1.763\, t_\mathrm{p} \tag{10.15}$$

である.

ワンポイント解説

・双曲線関数のパルスは, ガウス関数のパルスに比べると同じ半値全幅でも裾が長い時間続くパルスとなる.

例題 29 の発展問題

29-1. 式 (10.3) で与えられるガウス関数の光パルスがフーリエ変換限界であ

るときの時間幅と周波数幅の積 $\Delta t \Delta \nu$ を求めよ. ガウス関数のフーリエ変換は

$$\mathrm{F}[e^{-\alpha t^2}] = \frac{1}{\sqrt{2\alpha}} e^{-\omega^2/(4\alpha)} \quad \text{ただし, } \alpha > 0 \tag{10.16}$$

である.

29-2. フーリエ変換限界のガウス関数の光パルスの時間幅が 10.0 fs のとき, スペクトル幅を波長単位で求めよ. ただし, 光パルスの中心波長は 550 nm とする.

例題 30　位相速度と群速度

　光学ガラス BK7 の屈折率は，波長 546.1 nm で 1.5187，486.1 nm で 1.5224 である．546.1 nm と 486.1 nm の中間の波長の光パルスについて位相速度と群速度を求めよ．

考え方

　屈折率の 2 次以上の分散は小さいとして無視して，中間波長での屈折率と 1 次分散を求める．

‖解答‖

　中間波長は $(546.1 + 486.1)/2 = 516.1$ nm であり，屈折率と 1 次分散は，

$$n = \frac{1.5187 + 1.5224}{2} = 1.52055$$

$$\frac{dn}{d\lambda} = \frac{1.5187 - 1.5224}{(546.1 - 486.1) \times 10^{-9}}$$

$$= -6.6167 \times 10^4 \text{ m}^{-1}$$

となる．
　位相速度は

$$v = \frac{c}{n} = 1.9716 \times 10^8 \text{ m/s}$$

である．群速度は式 (10.9) より

$$v_g = 1.9312 \times 10^8 \text{ m/s}$$

となる．群速度の方が遅いが，その差は小さい．

ワンポイント解説

・超短光パルスを用いる光学系の設計では，光パルスの伝播時間が重要となる．

例題 30 の発展問題

30-1. 波数の分散を 2 次まで考え

$$k(\omega) = k_0 + k_1(\omega - \omega_0) + \frac{1}{2}k_2(\omega - \omega_0)^2 \tag{10.17}$$

とする．式 (10.3) のガウス関数の光パルスが距離 z を伝播した後にど

のような波形となるかを求めよ．なお，式 (10.16) のフーリエ変換は α が複素数であっても，$\mathrm{Re}[\alpha] > 0$ であれば成立する．

30-2. パルス幅が 100 fs と 10.0 fs の光パルスが 10 mm の厚さのガラスを透過した．透過後のパルス幅をそれぞれ求めよ．ただし，中心波長は 550 nm とし，式 (10.17) の 2 次分散 k_2 として石英ガラスの値 62 fs^2/mm を用いよ．

A ガウシアンビーム の導出

　ここでは伝播方程式からガウシアンビームの表式を導出する方法を紹介する．発展問題 **18-2** ではフレネル回折から求める方法を出題している．参考文献 9, 10 にもガウシアンビームの紹介がある．

伝播方程式からの導出

　式 (1.9), (1.10) から u' を求める過程を示す．

$$u' = \frac{1}{W(z)} e^{-(x^2+y^2)/R(z)} \tag{A.1}$$

とおき，式 (1.10) に代入すると

$$\frac{\partial u'}{\partial x} = -\frac{2x}{R(z)} u' \tag{A.2}$$

$$\frac{\partial^2 u'}{\partial x^2} = \frac{\partial}{\partial x}\left[-\frac{2x}{R(z)} u'\right] = \left[\frac{4x^2}{R(z)^2} - \frac{2}{R(z)}\right] u' \tag{A.3}$$

などから

$$\left[\frac{4}{R(z)^2}(x^2+y^2) - \frac{4}{R(z)} \right. $$
$$\left. + 2ik\left\{-\frac{1}{W(z)}\frac{\partial W(z)}{\partial z} + \frac{x^2+y^2}{W(z)^2}\frac{\partial R(z)}{\partial z}\right\}\right] u' = 0 \tag{A.4}$$

が導かれる．

　x^2+y^2 の項と他の項は独立に成り立つ必要があるので，式 (A.4) の成立条件として

$$\frac{4}{R(z)^2} + 2ik\frac{1}{R(z)^2}\frac{\partial R(z)}{\partial z} = 0 \tag{A.5}$$

$$-\frac{4}{R(z)} - 2ik\frac{1}{W(z)}\frac{\partial W(z)}{\partial z} = 0 \tag{A.6}$$

が得られる.

式 (A.5) を変形すると

$$\frac{\partial R(z)}{\partial z} = \frac{2i}{k} \tag{A.7}$$

となり, $R(0) = w_0^2$ の初期条件から

$$R(z) = w_0^2 + i\frac{2}{k}z \tag{A.8}$$

が得られる.

式 (A.6), (A.8) からは

$$\frac{1}{W(z)}\frac{\partial W(z)}{\partial z} = -\frac{4}{2ikR(z)} = \frac{1}{z - ikw_0^2/2} \tag{A.9}$$

が導かれる. これを解くと

$$\ln W(z) = \ln\left(z - \frac{ikw_0^2}{2}\right) + C \quad (C \text{ は積分定数}) \tag{A.10}$$

となる. $W(0) = w_0^2$ を初期条件とすると

$$W(z) = w_0^2 + i\frac{2}{k}z = R(z) \tag{A.11}$$

となり, 式 (1.11)-(1.13) が解であることが示される.

B 参考文献

1. 須藤彰三 著『波動方程式の解き方』(物理数学 One Point 9) 共立出版 (1994).

2. 櫛田孝司 著『光物理学』共立出版 (1983, 2018).

3. 青木貞雄 著『光学入門』共立出版 (2002, 2019).

4. 石黒浩三 著『光学』裳華房 (1982, 2004).

5. 村田和美 著『光学』サイエンス社 (1979, 1993).

6. M. Born, E. Wolf 著, 草川徹, 横田英嗣 訳『光学の原理 I,II,III』東海大学出版会 (1974, 1991).

7. J.-Ch. Viénot, P. Smigielski, H. Royer 著, 辻内順平, 中村琢磨 訳『ホログラフィー入門』共立出版 (1975, 1987).

8. G. R. Fowles 著 "Introduction to Modern Optics" Dover (1968, 1975).

9. A. Yariv 著 "Quantum Electronics" Wiley, 3rd edition (1989).

10. A. M. Weiner 著 "Ultrafast Optics" Wiley (2009).

C 発展問題の解答

第 1 章の発展問題

1-1. 式 (1.34), (1.35) がそれぞれ波動方程式を満たしていればよいので，条件は

$$v^2 = \frac{\omega_1^2}{|\boldsymbol{k}_1|^2} = \frac{\omega_2^2}{|\boldsymbol{k}_2|^2}$$

となる．このことは，$v^2 = \omega^2/|\boldsymbol{k}|^2$ を満たす波は，伝播方向や角周波数が異なっていても同時に存在できることを示している．

1-2. $f = c/\lambda$, $T = 1/\nu$ なので $\nu = 4.738 \times 10^{14}$ Hz, $T = 2.111 \times 10^{-15}$ s となる．可視域の光の周期は fs（1 fs は 10^{-15} s）のオーダーである．

1-3. 直交座標 (x, y, z) を極座標 (r, ϕ, θ) で表すと，球面波は球対称なので角度 ϕ, θ に関する微分は 0 となる．$r = \sqrt{x^2 + y^2 + z^2}$ なので

$$\frac{\partial r}{\partial x} = \frac{x}{\sqrt{x^2 + y^2 + z^2}} = \frac{x}{r} \tag{C.1}$$

であることを用いると

$$\frac{\partial}{\partial x} = \frac{\partial r}{\partial x}\frac{\partial}{\partial r} = \frac{x}{r}\frac{\partial}{\partial r} \tag{C.2}$$

$$\begin{aligned}
\frac{\partial^2}{\partial x^2} &= \frac{\partial}{\partial x}\left(\frac{x}{r}\frac{\partial}{\partial r}\right) \\
&= \frac{1}{r}\frac{\partial}{\partial r} - \frac{x}{r^2}\frac{\partial r}{\partial x}\frac{\partial}{\partial r} + \frac{x}{r}\frac{\partial r}{\partial x}\frac{\partial^2}{\partial r^2} \\
&= \frac{1}{r}\frac{\partial}{\partial r} - \frac{x^2}{r^3}\frac{\partial}{\partial r} + \frac{x^2}{r^2}\frac{\partial^2}{\partial r^2}
\end{aligned} \tag{C.3}$$

となる．

y, z についても同様に計算すると

$$\nabla^2 u = \frac{3}{r}\frac{\partial u}{\partial r} - \frac{x^2+y^2+z^2}{r^3}\frac{\partial u}{\partial r} + \frac{x^2+y^2+z^2}{r^2}\frac{\partial^2 u}{\partial r^2}$$
$$= \frac{2}{r}\frac{\partial u}{\partial r} + \frac{\partial^2 u}{\partial r^2} \tag{C.4}$$

が得られる.

一方,

$$\frac{1}{r}\frac{\partial^2 (ru)}{\partial r^2} = \frac{1}{r}\frac{\partial}{\partial r}\left(u + r\frac{\partial u}{\partial r}\right) = \frac{2}{r}\frac{\partial u}{\partial r} + \frac{\partial^2 u}{\partial r^2} \tag{C.5}$$

となるので,波動方程式 (1.5) から式 (1.7) が得られる.

2-1. (1) $w_0 = \dfrac{f\lambda}{\pi w} = \dfrac{50\ \text{mm} \times 500\ \text{nm}}{\pi \times 1.0\ \text{mm}} = 8.0\ \mu\text{m}$

(2) $w \sim \dfrac{z\lambda}{\pi w_0} = \dfrac{3.8 \times 10^8\ \text{m} \times 500\ \text{nm}}{\pi \times 1.0\ \text{m}} = 60\ \text{m}$

2-2. 位相を評価して球面を表す方程式と比較すればよい.

$z \gg z_0$ の条件では,式 (1.11) の位相は指数関数内の虚部でほぼ決まるので

$$\text{Im}\left[-\frac{x^2+y^2}{W(z)}\right] + kz = \phi \quad (\text{一定}) \tag{C.6}$$

が波面の条件であり,

$$\frac{k(x^2+y^2)}{2z} + kz = \phi \quad (\text{一定}) \tag{C.7}$$

となる.この波面が点 $(0,0,R)$ を通るとすると,波面の方程式として

$$\frac{x^2+y^2}{2z} + z = R \tag{C.8}$$

が得られる.$z = R + \Delta z\ (|\Delta z| \ll R)$ として式 (C.8) を変形すると

$$x^2 + y^2 + z^2 = 2zR - z^2$$
$$= 2(R + \Delta z)R - (R + \Delta z)^2$$
$$= R^2 - \Delta z^2$$
$$\sim R^2 \tag{C.9}$$

となり,原点を中心とする $R \sim z$ の球面であることがわかる.

3-1. 光ビームのエネルギー流は，進行方向に垂直な平面で光強度を積分した量なので，式 (1.11) で表されるガウシアンビームのエネルギー流 P は，

$$P = \int_{-\infty}^{+\infty} dx \int_{-\infty}^{+\infty} dy \, \frac{1}{2} \sqrt{\frac{\epsilon}{\mu_0}} \left| E_0 \frac{w_0^2}{W(z)} e^{-(x^2+y^2)/W(z)} \right|^2$$

$$= \frac{\pi}{8} \sqrt{\frac{\epsilon}{\mu_0}} E_0^2 w_0^4 \tag{C.10}$$

となり，z によらず一定である．

3-2. 節における光強度 I はエネルギー流を節の面積で割ることで，

$$I = \frac{1.0 \times 10^{-3}}{\pi (100 \times 10^{-6})^2} = 3.2 \times 10^4 \text{ W m}^{-2}$$

となる．

その場合の光電場振幅 E は，式 (1.28) から

$$E = \sqrt{2I \sqrt{\frac{\mu_0}{\epsilon_0}}} \tag{C.11}$$

となるので，

$$E = \sqrt{2 \times 3.2 \times 10^4 \sqrt{\frac{1.2566370614 \times 10^{-6}}{8.854187817 \times 10^{-12}}}} = 4.9 \times 10^3 \text{ V m}^{-1}$$

である．

第 2 章の発展問題

4-1. 偏光特性の計算結果は以下の表になる．

計算結果	(1)	(2)
a_x	0.725	0.937
a_y	0.688	0.350
$\cos \Delta\phi$	0.560	−0.989
$\Delta\phi$	0.30π	0.95π

$\Delta\phi$ の値を見ると，(1) は楕円偏光であり，(2) はほぼ直線偏光となっていることがわかる．

4-2. 1/4 波長板により y 軸の光の位相が $\pi/2$ 変化したとすると，例題 4 と同じ方

法の測定結果から

$$\cos(\Delta\phi + \pi/2) = -\sin\Delta\phi \tag{C.12}$$

の値が得られる．したがって，cos と sin の両方の値が得られるので，$\Delta\phi$ の符号が決定できる．

　測定においては，波長板の高速軸 (fast axis) と低速軸 (slow axis) をどちらの軸に用いたかを確認することが重要である．上記の例では，y 軸が高速軸となっている．

5-1. 式 (2.20) より，

$$L = \frac{546.1 \times 10^{-9}}{2|1.5553 - 1.5462|} = 3.0 \times 10^{-5}\ \mathrm{m} = 30\ \mu\mathrm{m}$$

が得られる．

5-2. 式 (2.4) をもつ単軸性結晶を考える．光の伝播方向は x 軸なので，電場ベクトルの方向は y 軸と z 軸となる．この方向の誘電率は ϵ_{yy} で等しいので，屈折率はともに常光線の n_o となる．

6-1. 角度 θ の 1/2 波長板に x 方向の偏光を入射すると，出力する偏光は

$$\mathrm{R}(\theta)\begin{bmatrix} 1 & 0 \\ 0 & -1 \end{bmatrix}\mathrm{R}(-\theta)\begin{bmatrix} 1 \\ 0 \end{bmatrix}$$

$$= \begin{bmatrix} \cos^2\theta - \sin^2\theta \\ 2\sin\theta\cos\theta \end{bmatrix} = \begin{bmatrix} \cos(2\theta) \\ \sin(2\theta) \end{bmatrix} \tag{C.13}$$

となるので，直線偏光の方向が 2θ 回転する．

6-2. 位相板の行列は $\begin{bmatrix} 1 & 0 \\ 0 & i \end{bmatrix}$ と表されるので，左円偏光を透過させると

$$\begin{bmatrix} 1 & 0 \\ 0 & i \end{bmatrix}\begin{bmatrix} 1 \\ i \end{bmatrix} = \begin{bmatrix} 1 \\ -1 \end{bmatrix} \tag{C.14}$$

となり，$-\pi/4\,(-45°)$ 方向の直線偏光となる．

　右円偏光を透過させると $\pi/4\,(45°)$ 方向の直線偏光となる．

7-1. 式 (2.25) に $a = 1, d = 0$ を代入すると，透過光強度 I として

$$I = \frac{1}{4}|\tilde{a}_x|^2(\sin 2\theta)^2 \tag{C.15}$$

が得られる.

7-2. 式 (2.25) に $a = 1, d = -1$ を代入すると,透過光強度 I として

$$I = |\tilde{a}_x|^2 (\sin 2\theta)^2 \tag{C.16}$$

が得られる.

7-3. 異方性がある物質を透過した光の位相差 ϕ は

$$\phi = \frac{2\pi(n_{\mathrm{o}} - n_{\mathrm{e}})L}{\lambda} \tag{C.17}$$

である.波長 546.1 nm で位相差 π なので,波長 404.7 nm と 768.2 nm における位相差はそれぞれ

$$\frac{546.1\pi}{404.7} = 1.35\pi, \quad \frac{546.1\pi}{768.2} = 0.71\pi$$

となる.

例題 7 で間に入れた素子の異方性は $a = 1, d = e^{i\phi}$ と表されるので,透過光強度は $|1 - e^{i\phi}|^2$ に比例する.したがって,波長 546.1 nm の光の透過率を 1 とすると,波長 404.7 nm の光の透過率は

$$\frac{|1 - e^{1.35\pi i}|^2}{2^2} = 0.727$$

波長 768.2 nm の光の透過率は

$$\frac{|1 - e^{0.71\pi i}|^2}{2^2} = 0.806$$

となる.

第 3 章の発展問題

8-1. s 偏光の入射光,反射光,屈折光の電場を,それぞれ

$$E = Ae^{i(k_1 x \sin\theta + k_1 z \cos\theta - \omega t)} \tag{C.18}$$

$$E' = A'e^{i(k_1 x \sin\theta' - k_1 z \cos\theta' - \omega t)} \tag{C.19}$$

$$E'' = A''e^{i(k_2 x \sin\theta'' + k_2 z \cos\theta'' - \omega t)} \tag{C.20}$$

とおくと,電場の y 成分と磁束密度の x 成分の連続性から,それぞれ

$$Ae^{ik_1 x \sin\theta} + A'e^{ik_1 x \sin\theta'} = A''e^{ik_2 x \sin\theta''} \tag{C.21}$$

$$\sqrt{\epsilon_1} A \cos\theta\, e^{ik_1 x \sin\theta} - \sqrt{\epsilon_1} A' \cos\theta' e^{ik_1 x \sin\theta'}$$
$$= \sqrt{\epsilon_2} A'' \cos\theta'' e^{ik_2 x \sin\theta''} \tag{C.22}$$

が得られる.

したがって，s 偏光の反射係数と透過係数は

$$\begin{aligned}
r_s &= \frac{A'}{A} \\
&= -\frac{\sqrt{\epsilon_2}\cos\theta'' - \sqrt{\epsilon_1}\cos\theta}{\sqrt{\epsilon_2}\cos\theta'' + \sqrt{\epsilon_1}\cos\theta} \\
&= -\frac{\sin(\theta - \theta'')}{\sin(\theta + \theta'')} \tag{C.23} \\
t_s &= \frac{A''}{A} \\
&= \frac{2\sqrt{\epsilon_2}\cos\theta}{\sqrt{\epsilon_2}\cos\theta'' + \sqrt{\epsilon_1}\cos\theta} \\
&= \frac{2\sin\theta''\cos\theta}{\sin(\theta + \theta'')} \tag{C.24}
\end{aligned}$$

となる.

8-2. p 偏光について考える．媒質 1（上側）からの入射の場合と入射角と出射角が入れ替わるので

$$r_p' = -\frac{\tan(\theta'' - \theta)}{\tan(\theta'' + \theta)} = -r_p \tag{C.25}$$

$$\begin{aligned}
t_p t_p' + r_p^2 &= \frac{2\sin\theta''\cos\theta}{\sin(\theta+\theta'')\cos(\theta-\theta'')}\frac{2\sin\theta\cos\theta''}{\sin(\theta''+\theta)\cos(\theta''-\theta)} \\
&\quad + \left[-\frac{\tan(\theta-\theta'')}{\tan(\theta+\theta'')}\right]^2 \\
&= \frac{\sin 2\theta \sin 2\theta''}{\sin^2(\theta+\theta'')\cos^2(\theta-\theta'')} + \frac{\sin^2(\theta-\theta'')\cos^2(\theta+\theta'')}{\sin^2(\theta+\theta'')\cos^2(\theta-\theta'')} \\
&= \frac{\sin 2\theta \sin 2\theta''}{\frac{1}{4}(\sin 2\theta + \sin 2\theta'')^2} + \frac{\frac{1}{4}(\sin 2\theta - \sin 2\theta'')^2}{\frac{1}{4}(\sin 2\theta + \sin 2\theta'')^2} \\
&= 1 \tag{C.26}
\end{aligned}$$

となる．s 偏光も同様である.

9-1. $\theta + \theta'' = \pi/2$ のとき，r_p の分母が発散し反射係数が 0 となる．このときの

条件は,

$$\sin\theta_{\mathrm{B}} = \frac{n_2}{n_1}\sin\left(\frac{\pi}{2} - \theta_{\mathrm{B}}\right) \tag{C.27}$$

より,

$$\tan\theta_{\mathrm{B}} = \frac{n_2}{n_1} \tag{C.28}$$

となる.

9-2. BK7 は, $R_0 = 0.0426$, $\theta_{\mathrm{B}} = 56.7°$ であり, SF18 は, $R_0 = 0.0715$, $\theta_{\mathrm{B}} = 60.0°$ となる.

　　SF18 で作った正三角形の分散プリズムは入射角および出射角がほぼブリュースター角となり, p 偏光に対する反射ロスがほぼ 0 となる.

10-1. エバネッセント光の伝播は

$$e^{ik_2 z \cos\theta''} = e^{-k_2 z\sqrt{\sin^2\theta/n_{\mathrm{r}}^2 - 1}} \tag{C.29}$$

となるので, 振幅が $1/e$ となる距離は

$$\frac{1}{k_2\sqrt{\sin^2\theta/n_{\mathrm{r}}^2 - 1}} = \frac{\lambda}{2\pi\sqrt{\sin^2\theta/n_{\mathrm{r}}^2 - 1}} \tag{C.30}$$

であり, 波長のオーダーとなる.

10-2. 式 (C.30) に, $\lambda = 532\,\mathrm{nm}$, $\theta = 45°$, $n_{\mathrm{r}} = 1/1.519$ を代入すると 216 nm が得られる.

10-3. $n_{\mathrm{r}} = 1/1.519$ のときに, 式 (3.23) と (3.24) の差が $\pi/4$ となる θ を数値計算により求めると $\theta = 55.4°$ となる. この全反射を 2 回行うと $\pi/2$ の位相差が得られるので 1/4 波長板の働きをする. この原理を使った光学素子はフレネルロムと呼ばれる.

第 4 章の発展問題

11-1. 図 4.8 のように平面波が角度 δ で入射すると, 上側と下側のピンホールを通る光の位相差は $-2\pi d(\sin\delta)/\lambda$ となる. したがって, スクリーン上での位相差 $\Delta\phi$ は

$$\Delta\phi = \frac{2\pi d}{\lambda}\left(\frac{x}{L} - \sin\delta\right) \tag{C.31}$$

となるので, 干渉縞の強度 I は

$$I(x, y) = 2A^2 \left[1 + \cos \left\{ \frac{2\pi d}{\lambda} \left(\frac{x}{L} - \sin \delta \right) \right\} \right] \tag{C.32}$$

となる．干渉縞の間隔 $\lambda L/d$ は変わらないが，明るくなる位置が y 軸上から $x = L \sin \delta$ に移動する．

11-2. 2つの光源からの光が干渉しないので，それぞれの光が独立に干渉縞を作る．スクリーン上の光強度はそれぞれの干渉縞強度の和になるので，平面波の強度が等しいと仮定すると

$$\begin{aligned} I(x, y) &= 2A^2 \left[1 + \cos \left\{ \frac{2\pi d}{\lambda} \left(\frac{x}{L} - \sin \delta \right) \right\} \right] \\ &+ 2A^2 \left[1 + \cos \left\{ \frac{2\pi d}{\lambda} \left(\frac{x}{L} + \sin \delta \right) \right\} \right] \\ &= 4A^2 \left[1 + \cos \left(\frac{2\pi d \sin \delta}{\lambda} \right) \cos \left(\frac{2\pi dx}{\lambda L} \right) \right] \end{aligned} \tag{C.33}$$

となる．

干渉縞のコントラストは $\cos \frac{2\pi d \sin \delta}{\lambda}$ である．したがって，d を変化させてコントラストの変化を見ることで角度 δ を知ることができる．この原理は天体干渉計と呼ばれ，2重星や巨星の視差角を測定することができる．

11-3. $2\delta = 0.058$ 秒 $= 2.8 \times 10^{-7}$ rad である．コントラストが消える間隔は

$$\frac{2\pi d \sin \delta}{\lambda} = \pi \tag{C.34}$$

であるから，周期は

$$d = \frac{\lambda}{2 \sin \delta} = 0.89 \text{ m} \tag{C.35}$$

となる．

12-1. シャボン玉の薄膜に入射した光の反射光は，等傾角干渉の原理により

$$\frac{4\pi n h \cos \theta'}{\lambda} = (2m + 1)\pi \quad (m = 0, 1, 2, \cdots) \tag{C.36}$$

のときに明るくなる．θ' は膜内での屈折角であり，入射角 θ から屈折の法則

$$\sin \theta' = \frac{\sin \theta}{n} \tag{C.37}$$

で求められる．シャボン玉の中心から離れた位置から反射されてくる光は，θ が大きいので θ' も大きくなり，同じ次数 m に対応する波長 λ は短くなる．

したがって，反射光はシャボン玉の中心から外側に向かって赤から青に変化する．ただし，実際には途中で次数 m が変わることがあるので複雑な色合いとなる．

12-2. 四角い枠につけたシャボン液は重力の影響により，上側が薄く，下側が厚くなる．したがって，等厚干渉の原理により反射光は下側の方が波長が長い赤色となる．

　　時間がたつと水分が蒸発していき膜厚が波長以下となる．すると，式 (C.36) を満たす可視光はなくなる．このため，強く反射する波長の光がないので無色（白色）となる．また，厚さ d が 0 の極限では位相差は π となるので，すべての波長で反射率は 0 となり膜が見えなくなる．

13-1. 位相差 ϕ の半値全幅を $\Delta\phi_{1/2}$ とすると

$$\frac{1}{1 + F\sin^2(\Delta\phi_{1/2}/4)} = \frac{1}{2} \tag{C.38}$$

であるから，近似を行うと

$$\Delta\phi_{1/2} \sim \frac{4}{\sqrt{F}} \tag{C.39}$$

となる．したがって，ϕ と λ の関係から

$$\Delta\lambda_{1/2} \sim \Delta\phi_{1/2}\frac{\lambda^2}{4\pi nh} \sim \frac{\lambda^2}{\pi nh\sqrt{F}} \tag{C.40}$$

が得られる．

　　問題の数値を代入して計算すると $\Delta\lambda_{1/2} = 0.00025$ nm となる．

13-2. 薄膜表面の反射率を r_1，薄膜と基板の間の反射率を r_2 とすると，振幅反射率は

$$\frac{r_1 + r_2 e^{i\phi}}{1 + r_1 r_2 e^{i\phi}} \tag{C.41}$$

となる．

　　反射率が 0 となる条件は，$r_1 = r_2$ かつ $\phi = \pi$ である．反射率は

$$r_1 = \frac{1 - n_1}{1 + n_1} \tag{C.42}$$

$$r_2 = \frac{n_1 - n_2}{n_1 + n_2} \tag{C.43}$$

なので，$n_1 = \sqrt{n_2}$ の薄膜を $n_1 h = \lambda/4$ となるように n_2 の基板に重ねれば

よい.

14-1. 伝播部分の光学距離はともに $\lambda/4$ なので,位相差は $\phi_1 = \phi_2 = \pi/2$ である.特性行列を左側の反射面から順に積をとっていくと

$$\begin{bmatrix} \frac{1+r}{t} & 0 \\ 0 & \frac{1-r}{t} \end{bmatrix} \begin{bmatrix} \cos\phi_1 & -i\sin\phi_1 \\ -i\sin\phi_1 & \cos\phi_1 \end{bmatrix} \begin{bmatrix} \frac{1+r'}{t'} & 0 \\ 0 & \frac{1-r'}{t'} \end{bmatrix} \begin{bmatrix} \cos\phi_2 & -i\sin\phi_2 \\ -i\sin\phi_2 & \cos\phi_2 \end{bmatrix}$$

$$= \begin{bmatrix} \frac{1+r}{t} & 0 \\ 0 & \frac{1-r}{t} \end{bmatrix} \begin{bmatrix} 0 & -i \\ -i & 0 \end{bmatrix} \begin{bmatrix} \frac{1+r'}{t'} & 0 \\ 0 & \frac{1-r'}{t'} \end{bmatrix} \begin{bmatrix} 0 & -i \\ -i & 0 \end{bmatrix}$$

$$= \begin{bmatrix} -\frac{1+r}{1-r} & 0 \\ 0 & -\frac{1-r}{1+r} \end{bmatrix} \tag{C.44}$$

と対角行列となる.ここでは r', t, t' にストークスの定理を適用している.

14-2. 前問の行列要素を

$$p = -\frac{1+r}{1-r} \tag{C.45}$$

とすると,N 回繰り返した特性行列は

$$\begin{bmatrix} p^N & 0 \\ 0 & p^{-N} \end{bmatrix} \tag{C.46}$$

となるので,反射率は

$$r_N = \frac{p^N - p^{-N}}{p^N + p^{-N}} \tag{C.47}$$

となる.

$$p = -\frac{1 + \frac{n_1 - n_2}{n_1 + n_2}}{1 - \frac{n_1 - n_2}{n_1 + n_2}} = -\frac{n_1}{n_2} \tag{C.48}$$

なので,数値を代入して計算すると $p = -1.7$ より $r_N = -0.999976$ であり,強度反射率は $R_N \sim 1$ となる.

多層反射膜ではほぼ100%の反射率を得ることができるが,波長依存性があることに注意が必要である.

第 5 章の発展問題

15-1. 入射波の位相は x_0 により異なり $2kx_0 \sin\theta$ となるので，回折波は

$$
\begin{aligned}
u(x_i) &= \frac{1}{i\lambda z_i} e^{ik\left(z_i + x_i^2/2z_i\right)} \int_{-\frac{a}{2}}^{\frac{a}{2}} u_0 e^{ikx_0 \sin\theta} e^{-ikx_i x_0/z_i} dx_0 \\
&= \frac{u_0 a}{i\lambda z_i} e^{ik\left(z_i + x_i^2/2z_i\right)} \frac{\sin\left[\frac{ka}{2z_i}(x_i - z_i \sin\theta)\right]}{\frac{ka}{2z_i}(x_i - z_i \sin\theta)}
\end{aligned}
\tag{C.49}
$$

となる．回折波の方向が θ 変化しており，ピークや暗線の位置は $z_i \sin\theta$ だ
け移動する．

15-2. 2 つのスリットの中心は $\pm d/2$ であるから

$$
\begin{aligned}
u(x_i) &= \frac{1}{i\lambda z_i} e^{ik\left(z_i + x_i^2/2z_i\right)} \left[\int_{-\frac{a}{2}+\frac{d}{2}}^{\frac{a}{2}+\frac{d}{2}} u_0 e^{-ikx_i x_0/z_i} dx_0 \right. \\
&\quad \left. + \int_{-\frac{a}{2}-\frac{d}{2}}^{\frac{a}{2}-\frac{d}{2}} u_0 e^{-ikx_i x_0/z_i} dx_0 \right] \\
&= \frac{2u_0 a}{i\lambda z_i} e^{ik\left(z_i + x_i^2/2z_i\right)} \frac{\sin\frac{kax_i}{2z_i}}{\frac{kax_i}{2z_i}} \cos\frac{kdx_i}{4z_i}
\end{aligned}
\tag{C.50}
$$

である．回折波は，図 C.1 のように間隔 $\lambda z_i/d$ の干渉縞となり，そのピーク
強度はスリット幅 a で決まる sinc 関数となるので，$x_i = \lambda z_i/a$ では干渉縞
が一旦消える．

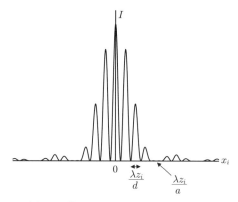

図 C.1: 複スリットによる回折波の強度

15-3. バビネの原理より直径と同じ幅の単スリットと同じになるので，最初に暗くなる位置は

$$\frac{\lambda z_i}{a} = \frac{532 \text{ nm} \times 1.0 \text{ m}}{80 \ \mu\text{m}} = 67 \text{ mm}$$

となる．

16-1. 半径 a の開口からの回折光で最も中心に近い暗線の半径 r_i は

$$1.22\pi = \frac{kar_i}{z_i} = \frac{2\pi ar_i}{\lambda z_i} \tag{C.51}$$

である．数値を代入すると

$$r_i = 1.22\pi \frac{\lambda z_i}{2\pi a} = 0.61 \times \frac{500 \text{ nm} \times 1.0 \text{ m}}{0.1 \text{ mm}} \sim 3.1 \text{ mm}$$

となる．

16-2. 図 C.2 に半径が R と $R+d$ の円形開口による回折光のグラフの概形を示す．リング状開口による回折光は 2 つの回折波の差になるので，グラフの交点で 0 となる．交点は 1 つの開口による回折光が暗線となる位置の間にあるので，回折光は等間隔に近い同心円の干渉縞となることがわかる．干渉縞のおおよその間隔は

$$\frac{kRr_i}{z_i} = \frac{2\pi Rr_i}{\lambda z_i} \sim \pi \tag{C.52}$$

より，$\lambda z_i/2R$ となる．これは発展問題 **15-2** の干渉縞間隔 $\lambda z_i/d$ に対応している．

　2 つの回折光の振動周期はわずかに異なっており次第にずれてくる．ずれ

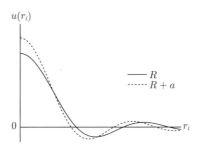

図 C.2: 大きさの異なる 2 つの円形開口による回折光

がちょうど1周期となった場合には，2つの回折光の差が小さくなり干渉縞が消えると予想される．その条件は

$$\frac{2\pi(R+a)r_i}{\lambda z_i} - \frac{2\pi R r_i}{\lambda z_i} = 2\pi \qquad (C.53)$$

であるから，

$$r_i = \frac{\lambda z_i}{a} \qquad (C.54)$$

となる．これは発展問題 **15-2** と一致している．

　リング状開口による回折光は，図 C.1 の $x_i \geq 0$ と同じような強度分布をもつ同心円となる．ただし，暗線の位置は等間隔ではない．

17-1. 回折光のピーク位置は

$$x_i = z_i(p + \sin\theta) \qquad (C.55)$$

$$p = \frac{2n\pi}{kd} = \frac{n\lambda}{d} \qquad (C.56)$$

なので，分散は

$$\frac{dx_i}{d\lambda} = \frac{n z_i}{d} \qquad (C.57)$$

となる．

17-2. 回折光がピークをもつ方向は，

$$p = \frac{n\lambda}{d} \qquad (C.58)$$

であり，このとき

$$\frac{2\pi N p d}{\lambda} = 2Nn\pi \qquad (C.59)$$

である．波長 $\lambda + \Delta\lambda$ でこの方向の強度が0になる条件は

$$\frac{2\pi N p d}{\lambda + \Delta\lambda} = 2Nn\pi - \pi \qquad (C.60)$$

である．$\lambda \gg \Delta\lambda$ で近似すると

$$\Delta\lambda = \frac{\lambda}{Nn} \qquad (C.61)$$

となる．

17-3. 回折格子の本数は $N = 50 \times 1200 = 60000$ なので，1次光の波長分解能は

$$\Delta\lambda = \frac{500 \text{ nm}}{60000} = 0.0083 \text{ nm}$$

となる.

1 次光の分散は

$$\frac{dx_i}{d\lambda} = \frac{z_i}{d} = \frac{250 \text{ mm}}{(1/1200) \text{ mm}} = 0.3 \text{ mm/nm}$$

となる. この分光器に幅 0.1 mm のスリットを取り付けると, 分光器の波長分解能は 0.1/0.3 = 0.33 nm となる.

18-1. ナイフエッジによる回折は開口が $x_0 > 0$ の全体なので, 式 (5.21) からフレネル回折の積分範囲を考慮すると

$$u(x_i) = \frac{u_0 e^{ikz_i}}{2i} \int_{-w_i}^{\infty} e^{i\frac{\pi}{2}p^2} dp$$

$$w_i = \sqrt{\frac{2}{\lambda z_i}} x_i$$

となる. この式をフレネル積分を用いて表し, 強度を求めると

$$u(x_i) = \frac{u_0 e^{ikz_i}}{2i}(1+i)[\{X(\infty) - X(-w_i)\} + i\{Y(\infty) - Y(-w_i)\}]$$

$$I(x_i) = \frac{|u_0|^2}{2}[\{X(\infty) - X(-w_i)\}^2 + \{Y(\infty) - Y(-w_i)\}^2] \qquad (C.62)$$

となる. これは, コルニュのらせん上の点 $(X(-w_i), Y(-w_i))$ と点 $(X(\infty), Y(\infty)) = (1/2, 1/2)$ の間の距離の 2 乗に比例している.

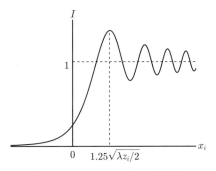

図 C.3: ナイフエッジによる回折

式 (C.62) をグラフにすると図 C.3 のようになる．一般にイメージされる影と違い，$x_i < 0$ にも光が存在しており，$x_i > 0$ には強弱の変化があることがわかる．

18-2. フレネル回折による伝播は

$$u(x_i, y_i) = \frac{e^{ikz_i}}{i\lambda z_i} \int \int u_0 e^{-(x_0^2+y_0^2)/w_0^2} e^{ik\{(x_0-x_i)^2+(y_0-y_i)^2\}/2z_i} dx_0 dy_0$$
(C.63)

となる．この積分を計算するには，まず x_0, y_0 について平方完成を行い，次に

$$\int_{-\infty}^{\infty} e^{-i\alpha x^2} dx = \sqrt{\frac{\pi}{\alpha}} \quad (\mathrm{Re}[\alpha] > 0)$$
(C.64)

を用いる．結果として

$$u(x_i, y_i) = u_0 e^{ikz_i} \frac{w_0^2}{w_0^2 + 2iz_i/k} e^{-(x_i^2+y_i^2)/(w_0^2+2iz_i/k)}$$
(C.65)

が得られる．これは第 1 章で示したガウシアンビームの式 (1.11) と同じである．

第 6 章の発展問題

19-1. レンズの式 (6.13) より

$$f = -\frac{r}{n-1}$$
(C.66)

となる．

19-2. レンズの式 (6.13) に数値を代入すると

$$\frac{1}{f} = (1.5 - 1)\left(\frac{1}{20} + \frac{1}{20}\right)$$

より

$$f = 20 \text{ cm}$$

となる．

20-1. 長焦点のレンズで光が屈折する角度を θ とすると，焦点距離が半分の短焦点レンズで光が屈折する角度は 2 倍の 2θ となる．収差は屈折する角度の 2 乗に比例するので，収差は短焦点レンズの方が大きくなる．

20-2. レンズの式より焦点距離は $1/(n-1)$ に比例するので，焦点距離の違いは

$$100 - 100 \times \frac{1.5115 - 1}{1.5302 - 1} = 3.66 \text{ mm}$$

となる．

第 7 章の発展問題

21-1. 点 P が焦点位置よりもレンズ側にある場合 $(-f < z < 0)$ は図 C.4 のようになる．式 (7.1), (7.2) の関係は変わらないので，$z' = f^2/z < -f$ になることから交点 P′ はレンズよりも点 P 側となり像は正立する．この場合の像は虚像であり，$f > |z|$ であることから $h' > h$ となり，像は拡大される．

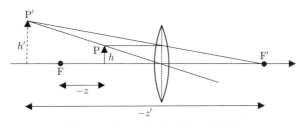

図 C.4: 凸レンズによる結像（虚像）

21-2. 焦点距離 $f\,(f < 0)$ の凹レンズによる結像の様子は図 C.5 のようになる．焦点は凸レンズの場合とは反対の位置にあり，光軸に平行な光は屈折後に物体側にある焦点 F′ を通る光となる．符号に注意して三角形の相似を考えると，

$$\frac{h}{z - (-f)} = \frac{h'}{(-f) - z'}$$
$$\frac{h}{-f} = \frac{h'}{z'}$$

が得られる．式を整理すると式 (7.1), (7.2) と同じ

$$h' = -\frac{f}{z}h$$
$$z' = \frac{f^2}{z}$$

となる．

物体がレンズの手前にある $(z > -f)$ ことから，像のできる位置 z' は $0 < z' < f$ となり焦点 F' とレンズの間である．また，倍率は $0 < -f/z < 1$ なので，像は正立で縮小される．

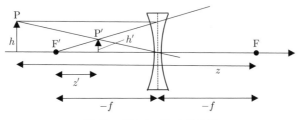

図 C.5: 凹レンズによる結像

21-3. 虫メガネを物体に密着させたときは $z = -f$ であり，$h' = h$，$z' = -f$ となるので像は虫メガネがない場合と同じである．

徐々に離していくと $h' > h$ の虚像が生じるので，物体が拡大されて見える．

物体が焦点位置 $(z = 0)$ にあるときは，拡大率が無限大となるので像は見えなくなる．

焦点位置よりも物体が離れる $(z > 0)$ と，$h' < 0$ となり像は反転する．ただし，z が小さいときは実像の結像位置が観察者よりも後ろ側となるため，目の焦点を合わせることができないので像はぼやけて見える．

通常の虫メガネの使い方は物体が焦点とレンズの間にある $-f < z < 0$ の状態である．

22-1. 2枚目のレンズ位置から望遠鏡なしで物体を見たときの視野角 θ は

$$\theta = \frac{h}{z + 2f_1 + f_2} \sim \frac{h}{z} \tag{C.67}$$

である．望遠鏡を通した見た視野角 θ'' は

$$\theta'' = \frac{h''}{(-z'') - f_2} = \frac{h''}{(f_2^2/f_1^2)z - f_2} \sim -\frac{f_1 h}{f_2 z} = -\frac{f_1}{f_2}\theta \tag{C.68}$$

となる．したがって，視野角は f_1/f_2 倍となり，$f_1 > f_2$ であれば拡大される．ただし，像は倒立である．

22-2. 正立像を得るためには，一方のレンズを凹レンズにすればよい．2枚目の

レンズを凹レンズ ($f_2 < 0$) にしたものはガリレオ (Galileo) 型望遠鏡と呼ばれる.

22-3. 鏡筒の長さは焦点距離の和なので $f_1 + f_2 = 300$ mm である. $f_1/f_2 = 12$ となるレンズの組み合わせは,

$$f_1 = \frac{300}{1 + 1/12} = 276.9 \text{ mm}$$

$$f_2 = \frac{300}{1 + 12} = 23.1 \text{ mm}$$

である.

23-1. 対物レンズによる結像位置は接眼レンズに対しては

$$z_2 = -(z_1' - d) \tag{C.69}$$

である. したがって, 接眼レンズによる結像位置を z_1 で表すと

$$z_2' = \frac{f_2^2}{-(z_1' - d)} = \frac{f_2^2}{-(f_1^2/z_1 - d)} \tag{C.70}$$

となる. $z_2' = -D$ として式を整理すると

$$z_1 = \frac{f_1^2}{d + f_2^2/D} \tag{C.71}$$

が得られる.

顕微鏡による観察では, 物体がこの条件を満たす位置にくるように, 鏡筒全体を上下させるピント合わせを行う.

23-2. 例題 23 の結果より

$$f_1 = \frac{160}{20} = 8.0 \text{ mm}$$

$$f_2 = \frac{250}{10} = 25.0 \text{ mm}$$

とすればよい.

第 8 章の発展問題

24-1. レンズの行列と伝播の行列の積をとればよいので,

$$\begin{bmatrix} 1 & 0 \\ -1/f_2 & 1 \end{bmatrix} \begin{bmatrix} 1 & f_1 + f_2 \\ 0 & 1 \end{bmatrix} \begin{bmatrix} 1 & 0 \\ -1/f_1 & 1 \end{bmatrix} = \begin{bmatrix} -f_2/f_1 & f_1 + f_2 \\ 0 & -f_1/f_2 \end{bmatrix} \quad \text{(C.72)}$$

となる.

24-2. (a)

$$\begin{bmatrix} -f_2/f_1 & f_1 + f_2 \\ 0 & -f_1/f_2 \end{bmatrix} \begin{bmatrix} \rho_1 \\ 0 \end{bmatrix} = \begin{bmatrix} -(f_2/f_1)\rho_1 \\ 0 \end{bmatrix} \quad \text{(C.73)}$$

となる. $f_1 > f_2$ の場合は,光線の径が小さくなる.

(b)

$$\begin{bmatrix} -f_2/f_1 & f_1 + f_2 \\ 0 & -f_1/f_2 \end{bmatrix} \begin{bmatrix} 0 \\ \theta_1 \end{bmatrix} = \begin{bmatrix} (f_1 + f_2)\theta_1 \\ -(f_1/f_2)\theta_1 \end{bmatrix} \quad \text{(C.74)}$$

となる. $f_1 > f_2$ の場合は,傾きが大きくなるので遠方の物体が拡大される.

25-1. 平面鏡の間隔を d とすると,1 往復による伝送行列は $\begin{bmatrix} 1 & 2d \\ 0 & 1 \end{bmatrix}$ となる.固有値 λ を求めると

$$\begin{vmatrix} 1 - \lambda & 2d \\ 0 & 1 - \lambda \end{vmatrix} = (1 - \lambda)^2 = 0 \quad \text{(C.75)}$$

より $\lambda = 1$ となるので,この共振器は安定である.

25-2. 片道の伝送行列は

$$\begin{bmatrix} 1 & 0 \\ -\frac{2}{R} & 1 \end{bmatrix} \begin{bmatrix} 1 & d \\ 0 & 1 \end{bmatrix} = \begin{bmatrix} 1 & d \\ -\frac{2}{R} & 1 - \frac{2d}{R} \end{bmatrix} \quad \text{(C.76)}$$

なので,固有値 λ を求めると

$$\begin{vmatrix} 1 - \lambda & d \\ -\frac{2}{R} & 1 - \frac{2d}{R} - \lambda \end{vmatrix} = 0 \quad \text{(C.77)}$$

より,

$$\lambda^2 + \left(2 - \frac{2d}{R}\right)\lambda + 1 = 0 \quad \text{(C.78)}$$

となる．固有値は

$$\lambda = \alpha \pm \sqrt{\alpha^2 - 1} \quad (\alpha = 1 - d/R) \tag{C.79}$$

である．

 $\lambda^N = 1$ を満たすのは，λ が実数のときは $\lambda = \pm 1$ より $\alpha = \pm 1$ である．この条件は $R = \infty$ と $R = d/2$ のときとなる．

 $\alpha^2 < 1$ で λ が複素数のときは，$|\lambda| = 1$ であることから $\lambda^N = 1$ を満たす N が存在可能である．

 したがって，$\alpha^2 \leq 1$ が必要な条件であるから

$$d \leq 2R \tag{C.80}$$

のときに共振器は安定となる．

26-1. レンズに入射するガウシアンビームの複素数パラメータは

$$q = 4f - \frac{ikw_0^2}{2} \tag{C.81}$$

なので，レンズ透過後は

$$
\begin{aligned}
q' &= \frac{q}{1 - q/f} \\
&= \frac{4f - ikw_0^2/2}{1 - (4f - ikw_0^2/2)/f} \\
&= -\frac{4f}{3} \cdot \frac{1 - ikw_0^2/(8f)}{1 - ikw_0^2/(6f)} \\
&\sim -\frac{4f}{3} - \frac{ik(w_0/3)^2}{2}
\end{aligned} \tag{C.82}
$$

となる．これはレンズからの距離が $4f/3$ の位置に半径 $w_0/3$ の節をもつガウシアンビームである．

26-2. 左側の平面鏡から共振器を 1 往復したときの伝送行列は

$$
\begin{bmatrix} 1 & \frac{R}{2} \\ 0 & 1 \end{bmatrix}
\begin{bmatrix} 1 & 0 \\ -\frac{2}{R} & 1 \end{bmatrix}
\begin{bmatrix} 1 & \frac{R}{2} \\ 0 & 1 \end{bmatrix}
=
\begin{bmatrix} 0 & \frac{R}{2} \\ -\frac{2}{R} & 0 \end{bmatrix}
\tag{C.83}
$$

となるので，

$$\begin{bmatrix} q'\theta' \\ \theta' \end{bmatrix} = \begin{bmatrix} 0 & \frac{R}{2} \\ -\frac{2}{R} & 0 \end{bmatrix} \begin{bmatrix} q\theta \\ \theta \end{bmatrix} = \begin{bmatrix} \frac{R}{2}\theta \\ -\frac{2}{R}q\theta \end{bmatrix} \tag{C.84}$$

より,

$$q' = -\frac{R^2}{4q} \tag{C.85}$$

が得られる.したがって,$q' = q$ となる条件は

$$q = -i\frac{R}{2} \tag{C.86}$$

である.

平面鏡の位置が節となっており,そのビーム半径は

$$\frac{kw_0^2}{2} = \frac{R}{2} \tag{C.87}$$

より,

$$w_0 = \sqrt{\frac{R}{k}} = \sqrt{\frac{\lambda R}{2\pi}} \tag{C.88}$$

となる.

図 8.7 の共振器ではこのガウシアンビームが安定となる.

26-3. 平面鏡共振器の 1 往復の伝送行列は $\begin{bmatrix} 1 & 2d \\ 0 & 1 \end{bmatrix}$ なので,

$$\begin{bmatrix} q'\theta' \\ \theta' \end{bmatrix} = \begin{bmatrix} q\theta + 2d\theta \\ \theta \end{bmatrix} \tag{C.89}$$

となり,

$$q' = q + 2d \tag{C.90}$$

となる.$q' = q$ を満たすのは $d = 0$ のときだけなので,平面鏡を用いた共振器では安定なガウシアンビームは存在できない.

発展問題 **25-1** で平面鏡を用いた共振器が安定であるとの結果が得られたのは,平面波に対して安定なためである.半径が有限なガウシアンビームでは安定とならない.

x2y3z9q

第9章の発展問題

27-1. 共役像を作る透過光 $\tilde{E}_c$ は $z=0$ では,

$$\tilde{E}_c(x,y,0) = A\tilde{E}_o^*(x,y)\tilde{E}_r^2 \tag{C.91}$$

であるから, $z=z_c$ における光波は

$$\tilde{E}_c(x_c,y_c,z_c) = \frac{e^{ik(z_c)}}{i\lambda z_c}\int\int dxdy\, A|\tilde{E}_r|^2\tilde{E}_o^*(x,y)$$
$$\times \exp\left[-\frac{ik(x_cx+y_cy)}{z_c}+i2kx\sin\theta\right] \tag{C.92}$$

となる.

この光は $z_c = -z_o$ のとき

$$\tilde{E}_c(x_c,y_c,-z_o) \propto \int\int dxdy \int\int dx_o dy_o B^*(x_o,y_o)$$
$$\times \exp\left[-\frac{ik\{xx_o - x(x_c - 2z_c\sin\theta)+yy_o - yy_c\}}{z_c}\right]$$
$$= B^*(x_c - 2z_c\sin\theta, y_c) \tag{C.93}$$

となる. したがって, 像は物体とは乾板を挟んで反対側の $z=-z_o$ にできる. z が反転していることから物体の奥行きは逆転する. また, x の位置も変化している.

27-2. 直接像の結像における逆フーリエ変換に注目すると, k が k' となった影響は結像位置が z_o から $k'/z = k/z_o$ を満たす位置に変わることで打ち消すことができる. したがって, 結像位置は $z=k'z_o/k$ となる. このとき

$$\tilde{E}_i(x_i,y_i,z) \propto B\left(\frac{k}{k'}x_i, \frac{k}{k'}y_i\right) \tag{C.94}$$

となる. したがって, 像の位置は変化し, 像の大きさは k/k' 倍となる.
注:ホログラフィーを広い波長の光を含む白色光で再生すると, 位置と大きさが異なる像が連続的に重なって見える.

28-1. 2点 $(\pm a,0,-z_c)$ からの物体光により作られるホログラムの共役波が2点 $(\pm a,0,z_c)$ に集光される. したがって, $z=0$ における物体光は

$$\tilde{E}_o(x,y) = E_o'[e^{ik(2ax+x^2+y^2)/(2c)}+e^{ik(-2ax+x^2+y^2)/(2c)}]$$
$$= 2E_o'e^{ik(x^2+y^2)/(2c)}\cos(2kax) \tag{C.95}$$

であるから，濃淡分布は

$$|\tilde{E}_{\mathrm{r}} + \tilde{E}_{\mathrm{o}}(x,y)|^2 = |E_{\mathrm{r}}|^2 + 4|E_{\mathrm{o}}'|^2$$
$$+ 4|E_{\mathrm{r}}||E_{\mathrm{o}}'| \cos\left(\frac{k(x^2+y^2)}{2z_{\mathrm{c}}\cos(2kax)}\right) \quad (\mathrm{C}.96)$$

となる．ゾーンプレートは図 C.6 のようになる．図 9.2 のゾーンプレートの x 方向が周期的に変化する分布であるが，結果は 2 つの同心円が重なっているように見える．

図 C.6: 2 点を再生するゾーンプレート

28-2. 2 点 $(\pm a, 0, -z_{\mathrm{c}})$ を結ぶ直線からの物体光により作られるホログラムの共役波が 2 点 $(\pm a, 0, z_{\mathrm{c}})$ を結ぶ直線に集光される．$z = 0$ における物体光は，スリットによる回折と同様の計算により

$$\tilde{E}_{\mathrm{o}}(x,y) = E_{\mathrm{o}}' e^{ik(x^2+y^2)/(2c)} \frac{a\sin(kax/2z_{\mathrm{c}})}{kax/2z_{\mathrm{c}}} \quad (\mathrm{C}.97)$$

となる．したがって，濃淡分布は

$$|\tilde{E}_{\mathrm{r}} + \tilde{E}_{\mathrm{o}}(x,y)|^2 = |E_{\mathrm{r}}|^2 + |E_{\mathrm{o}}'|^2$$
$$+ 2|E_{\mathrm{r}}||E_{\mathrm{o}}'| \cos\left(\frac{k(x^2+y^2)}{2z_{\mathrm{c}}}\right) \frac{a\sin(kax/2z_{\mathrm{c}})}{kax/2z_{\mathrm{c}}} \quad (\mathrm{C}.98)$$

となる．ゾーンプレートは図 C.7 のようになる．図 C.6 と同様に x 方向が周期的に変化しているが，中央部分が広く，中央から離れると濃淡の変化が小さくなる．

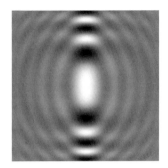

図 C.7: 線分を再生するゾーンプレート

第 10 章の発展問題

29-1. 式 (10.3) のガウス関数の光パルスをフーリエ変換すると，式 (10.16) より
スペクトルは

$$A(\omega) = \frac{a_0 t_{\mathrm{p}}^2}{\sqrt{2}} e^{-(\omega - \omega_0)^2/(4/t_{\mathrm{p}}^2)} \tag{C.99}$$

である．

時間幅は $\Delta t = 1.177\, t_{\mathrm{p}}$ であるのに対して，スペクトル幅は

$$\Delta \nu = 1.177 \times \frac{2/t_{\mathrm{p}}}{2\pi} = \frac{0.374}{t_{\mathrm{p}}}$$

となるので，積は

$$\Delta t \Delta \nu = 0.441$$

となる．

29-2. 周波数で与えられたスペクトル幅 $\Delta \nu$ に対して，波長で表されたスペクト
ル幅は

$$\Delta \lambda = \left| \frac{d\lambda}{d\nu} \right| \Delta \nu = \frac{\lambda^2}{c} \Delta \nu \tag{C.100}$$

となる．10.0 fs 光パルスの周波数幅は

$$\Delta \nu = \frac{0.441}{\Delta t} = 0.0441\ \mathrm{fs}^{-1}$$

なので，

$$\Delta\lambda = \frac{(550 \text{ nm})^2}{c} \times 0.0441 \text{ fs}^{-1} = 44.5 \text{ nm}$$

となる.

30-1. フーリエ変換限界のガウス関数の光パルスのフーリエ変換は式 (C.99) で与えられるので, $z = 0$ からの伝播を考えると

$$E(z,t) = \int \frac{t_{\mathrm{p}}}{\sqrt{2}} e^{-t_{\mathrm{p}}^2(\omega-\omega_0)^2/4} e^{i[k(\omega)z-\omega t]} d\omega \tag{C.101}$$

となる. $\Delta\omega = \omega - \omega_0$ とおくと, 指数関数の引数は

$$-\frac{t_{\mathrm{p}}^2\Delta\omega^2}{4} + i\left[\left(k_0 + k_1\Delta\omega + \frac{1}{2}k_2\Delta\omega^2\right)z - \Delta\omega t - \omega_0 t\right]$$

$$= -\left(\frac{t_{\mathrm{p}}^2}{4} - i\frac{1}{2}k_2 z\right)\Delta\omega^2 + i(k_1 z - t)\Delta\omega + ik_0 z - i\omega_0 t$$

$$= -\frac{1}{4}\alpha\left(\Delta\omega - \frac{2i(k_1 z - t)}{\alpha}\right)^2 - \frac{(k_1 z - t)^2}{\alpha} + ik_0 z - i\omega_0 t \tag{C.102}$$

となる. ただし, $\alpha = t_{\mathrm{p}}^2 - 2ik_2 z$ である. 式 (C.101) のフーリエ変換を実行すると

$$E(z,t) = \frac{t_{\mathrm{p}}}{\sqrt{\alpha}} \exp\left[-\frac{(k_1 z - t)^2}{\alpha} + i(k_0 z - \omega_0 t)\right] \tag{C.103}$$

となる.

したがって, 伝播したパルスのピーク時間は $t = k_1 z$ であり群速度で伝播する. パルス幅に対応する時定数は

$$\frac{1}{[t_{\mathrm{p}}(z)]^2} = \mathrm{Re}\left[\frac{1}{a}\right] = \frac{t_{\mathrm{p}}^2}{(t_{\mathrm{p}}^2)^2 + (2k_2 z)^2} \tag{C.104}$$

より

$$t_{\mathrm{p}}(z) = \sqrt{\frac{(t_{\mathrm{p}}^2)^2 + (2k_2 z)^2}{t_{\mathrm{p}}^2}} = t_{\mathrm{p}}\sqrt{1 + (2k_2 z/t_{\mathrm{p}}^2)^2} \tag{C.105}$$

となる. パルス幅は伝播により変化する.

30-2. 透過するガラスの厚さが 10 mm なので, $2k_2 z = 1240 \text{ fs}^2$ と求められる.

100 fs の光パルスは $t_{\mathrm{p}} = 100/1.177 = 85.0 \text{ fs}$ なので, 透過後の光パルスの時定数は

$$t'_{\mathrm{p}} = 85.0 \times \sqrt{1 + (1240/85.0^2)^2} = 86.2 \text{ fs}$$

であり，パルス幅は

$$\Delta t' = 1.177 \times 86.2 = 101 \text{ fs}$$

となり，ほとんど変化しない．

一方，10.0 fs の光パルスは

$$t'_{\mathrm{p}} = 8.50 \times \sqrt{1 + (1240/8.50^2)^2} = 146 \text{ fs}$$

であり，パルス幅は

$$\Delta t' = 1.177 \times 146 = 172 \text{ fs}$$

となり，大きく広がる．

D 科学基礎定数

名称	記号	数値	単位
真空中の光速度	c	2.99792458×10^8	$\mathrm{m\,s^{-1}}$
真空中の透磁率	μ_0	$1.25663706\cdots \times 10^{-6}$	$\mathrm{N\,A^{-2}}$
真空中の誘電率	ϵ_0	$8.85418781\cdots \times 10^{-12}$	$\mathrm{F\,m^{-1}}$
プランク定数	h	$6.62607015 \times 10^{-34}$	$\mathrm{J\,s}$
	$\hbar = h/2\pi$	$1.054571817\cdots \times 10^{-34}$	$\mathrm{J\,s}$
素電荷	e	$1.602176634 \times 10^{-19}$	C

索 引

【ま】

【や】

【ら】

MEMO

MEMO

著者紹介

吉澤雅幸（よしざわ まさゆき）

1987 年　東京大学大学院理学系研究科 博士課程修了
　　　　理学博士
1987 年　日本学術振興会 特別研究員
1988 年　東京大学理学部 助手
1993 年　東北大学理学部 助教授
1994 年　東北大学大学院理学研究科 助教授（大学院重点化）
2007 年　東北大学大学院理学研究科 准教授（職名変更）
2010 年—現在　東北大学大学院理学研究科・教授
専　門　光物性
趣味等　バレーボール

フロー式 物理演習シリーズ 14

光と波動
—回折干渉からレーザービームの
伝播まで—

Light and Waves

2024 年 7 月 20 日　初版 1 刷発行

著　者　吉澤雅幸　ⓒ 2024

監　修　須藤彰三
　　　　岡　真

発行者　南條光章

発行所　**共立出版株式会社**
　　　　東京都文京区小日向 4-6-19
　　　　電話　03-3947-2511（代表）
　　　　郵便番号　112-0006
　　　　振替口座　00110-2-57035
　　　　www.kyoritsu-pub.co.jp

印　刷　大日本法令印刷

製　本　協栄製本

検印廃止
NDC 424.3, 424.4
ISBN 978-4-320-03513-3

一般社団法人
自然科学書協会
会員

Printed in Japan

基本法則から読み解く 物理学最前線

須藤彰三・岡 真［監修］